Electromagnetisme. Teoria clàssica

Electromagnetisme. Teoria clàssica

Electromagnetisme
Teoria clàssica

Samuel Márquez Hernández

Electromagnetisme. Teoria clàssica

Electromagnetisme. Teoria Clàssica

Copyright © Samuel Márquez Hernández

Reservat tots els drets. La reproducció total o parcial d'aquesta obra, per qualsevol medi o procediment, compressos la reprografia i el tractament informàtic; queda rigurosament prohibit.

Respectin l'esforç i l'obra de l'autor.

Breda, 2013

Electromagnetisme. Teoria clàssica

Electromagnetisme. Teoria clàssica

Electromagnetisme. Teoria clàssica

Continguts

1.- Anàlisis vectorial

1.1.	Camps escalars i camps escalars	12
1.2.	Productes entre camps vectorials	13
1.3.	Integral de línia	19
1.4.	Fluxe d'un vector respecte la superfície	20
1.5.	Divergència	21
1.6.	Teorema de *Gauss* (o de la divergència)	24
1.7.	Teorema de *Stokes*	29
1.8.	Teorema de *Helmholtz*	30
1.9.	Coordenades curvilínies	30
1.10.	Coordenades de superfície i volúmiques	37
1.11.	Coordenades curvilínies (2.0)	38
1.12.	Integrals de volum i superfície	39
1.13.	Delta de *Dirac*	41

2.- Electrostàtica

2.1.	La càrrega elèctrica	48
2.2.	Llei de *Coulomb*	49
2.3.	Camp elèctric: Divergència i Rotacional	52
2.4.	Potencial elèctric: equacions de *Poisson* i *Laplace*	57
2.5.	Energia electrostàtica	64

3.- Electrostàtica en medis materials

3.1.	Desenvolupament multipolar	68
3.2.	Dipol elèctric	71
3.3.	Camp creat per un dielèctric	73
3.4.	Vector desplaçament	76
3.5.	Susceptibilitat elèctrica	78
3.6.	Classes de dielèctrics	81
3.7.	Condensadors	87
3.8.	Condicions de contorn	88
3.9.	Energia electrostàtica	91

4.- Magnetostàtica

4.1.	Corrent elèctrica: Llei d'*Ohm*	95
4.2.	Equació de continuitat	97
4.3.	Força entre corrents	99
4.4.	Inducció magnètica: Llei de *Biot* i *Savart*	100
4.5.	Força de *Lorentz*	102
4.6.	Rotacional de l'inducció magnètica: Teorema d'*Ampère*	103
4.7.	Divergència de la inducció magnètica	105
4.8.	Potencial vector	106

5.- Magnetostàtica en medis materials

5.1.	Desenvolupament multipolar. Dipol magnètic	110
5.2.	Campt creat per un material magnètic	113
5.3.	Intensitat magnètica	117
5.4.	Tipus i anàlisi dels materials magnètics	119
5.5.	Condicions de frontera	124
5.6.	Circuits magnètics	125

6.- Camps variables lentament

6.1.	Inducció electromagnètica: Llei de *Faraday*	129
6.2.	Limitacions de la llei de *Faraday*	131
6.3.	Inductància mútua i autoinductància	133
6.4.	Energia magnètica de circuits acoblats	134
6.5.	Energia en funció del camp.	135
6.6.	Força magnètica	137

7.- Camps electromagnètics

7.1.	Corrent de desplaçament	140
7.2.	Equacions de *Maxwell*	143
7.3.	Condicions de contorn	146
7.4.	Unicitat de la solució	147
7.5.	Energia electromagnètica	149
7.6.	Impuls del camp electromagnètic	151
7.7.	Moment angular del camp EM	153

8.- Potencials electromagnètics i camps de radiació

8.1.	Potencial escalar i potencial vector	156
8.2.	Equacions d'ona per a potencials	158
8.3.	Solució de l'equació d'ones	159
8.4.	Mètode de les funcions de *Green*	161
8.5.	Potencials retardats	164
8.6.	Camps creats per una càrrega en moviment arbitrari	165

9.- Ones electromagnètiques*

9.1.	Moviment ondulatori	168
9.2.	Equació d'ones per a camps	170
9.3.	Ona plana en un dielèctric	171
9.4.	Equacions de *Maxwell* en una guia d'ona. Tipus de guia	176

10.- Superconductivitat*

10.1.	Resistivitat zero	182
10.2.	Apantallament del camp magnètic	183
10.3.	Penetració del camp magnètic	185
10.4.	Comportament termodinàmic	188
10.5.	Model de *Ginzburg- Landau*	190
10.6.	Energia lliure superficial en superconductors	192

* *Aquests temes són d'ampliació o per agafar una idea dels dos temes amb els conceptes més principals. Per a més informació sobre aquests camps de l'electromagnetisme caldrà un suport d'un llibre d'especialització.*

Electromagnetisme. Teoria clàssica

Electromagnetisme. Teoria clàssica

Tema 1.- Anàlisis vectorial

1.1. Camps escalars i camps vectorials

Abans de començar a definir un camp vectorial i un camp escalar, donarem la definició de la funció que agafarem com exemple per ambdós casos:

$$f(\vec{r}) = x^2 y + z + 3 yxz \qquad (1.1)$$

- **Camps escalars**

Si agafem l'equació (1.1) com exemple i agafem de vector posició (1,1,1), obtindríem el valor de la funció:

$$f[\vec{r}=(1,1,1)] = 5$$

L'únic que cal fer és substituir els valors assignats per les variables x, y, z i trobar un únic valor númeric.

EX

Un exemple clar de representació de la superfície de camps escalars seria una esfera de radi R: $f(\vec{r}) = x^2 + y^2 + z^2 = R^2$; en el cas, per exemple, de $f(\vec{r}) = 9$ parlaríem d'una esfera de **radi 3**.

- **Camps vectorials**

Primer de tot definirem un camp vectorial qualsevol:

$$\vec{A}(\vec{r}) = A_x(\vec{r})\vec{e}_x + A_y(\vec{r})\vec{e}_y + A_z(\vec{r})\vec{e}_z$$

si utilitzem l'expressió 1.1 per posar vectors unitaris:

$$x^2 y \vec{e}_x + z \vec{e}_y 3yxz \vec{e}_z$$

Electromagnetisme. Teoria clàssica

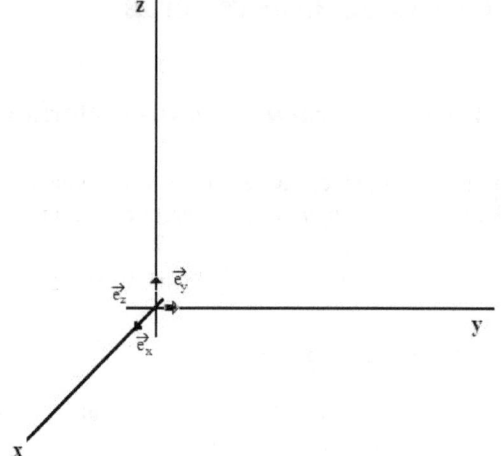

Figura 1.1.- *Eix de coordenades amb vectors unitaris*

Per tant podem definir el camp vectorial A de la següent manera:

$$\vec{A}[\vec{r}=(1,1,1)]=\vec{e}_x+\vec{e}_y+3\vec{e}_z=(1,1,3)$$

1.2. Productes entre camps vectorials

Podem definir diferents tipus de productes vectorials.

i) **Producte escalar (·) entre dos camps vectorials.**

Definim la base dimensional algebràica amb la què treballarem:
$$E^3 \wedge E^3 \rightarrow \mathbb{R}$$
Aleshores:

$$\vec{A}(\vec{r})\cdot\vec{B}(\vec{r})=A_x B_x+A_y B_y+A_z B_z=|\vec{A}|\cdot|\vec{B}|\cos(\widehat{AB})=C(\vec{r})$$

El resultat és un escalar.

ii) **Producte vectorial (∧)de dos camps vectorials.**

$\vec{A}(\vec{r}) \wedge \vec{B}(\vec{r}) = \vec{C}(\vec{r})$ Aquest camp vectorial es calcula mitjançant el **producte escalar**, que es calcula de la següent manera:

$$\vec{C}(\vec{r}) = \begin{vmatrix} \vec{e}_x & \vec{e}_y & \vec{e}_z \\ A_x & A_y & A_z \\ B_x & B_y & B_z \end{vmatrix} =$$

$$= \vec{e}_x(A_y B_z - A_z B_y) + \vec{e}_y(A_x B_z - A_z B_x) + \vec{e}_z(A_x B_y - A_y B_x)$$

Com podem observar el producte vectorial, com a **resultat és un vector**. Aquest el podem definir de la següent manera:

$$|\vec{C}(\vec{r})| = |\vec{A}(\vec{r})| \cdot |\vec{B}(\vec{r})| \sin(\overrightarrow{\vec{A}(\vec{r}) \vec{B}(\vec{r})})$$

$\vec{A}$

$\vec{C}$ $\vec{B}$ **Sempre aniran del primer al segon**

Fem un *kit-kat* per a definir un a un els vectors unitaris i la relació entre ells:

$$\vec{e}_x \wedge \vec{e}_y = \vec{e}_z \quad ; \quad \vec{e}_x \wedge \vec{e}_z = -\vec{e}_y \quad ; \quad \vec{e}_y \wedge \vec{e}_z = \vec{e}_x$$

i també la relació entre el producte vectorial de dos camps vectorials:

$$\vec{A} \wedge \vec{B} = -\vec{B} \wedge \vec{A}$$

Electromagnetisme. Teoria clàssica

iii) Producte mixte de tres camps vectorials.

Definim la base dimensional algebràica amb la què treballarem:

$$E^3 \wedge E^3 \wedge E^3 \to \mathbb{R}$$

$$\{\vec{A}, \vec{B}, \vec{C}\} = \vec{A} \cdot (\vec{B} \wedge \vec{C}) = \begin{vmatrix} \vec{A}_x & \vec{A}_y & \vec{A}_z \\ B_x & B_y & B_z \\ C_x & C_y & C_z \end{vmatrix}$$

A partir de les definicions del producte mixte, podem definir un camp D amb els paràmetres anteriors:

$$D(\vec{r}) = \begin{vmatrix} \vec{e}_x & \vec{e}_y & \vec{e}_z \\ A_x & A_y & A_z \\ B_x+C_x & B_y+C_y & B_z+C_z \end{vmatrix}$$

La relació entre aquests tres camps les podem trobar amb les combinacions (o permutacions) que podem realitzar. Aquestes són les sis següents:

$$\{\vec{A}, \vec{B}, \vec{C}\} = \{\vec{B}, \vec{C}, \vec{A}\} = \{\vec{C}, \vec{A}, \vec{B}\} = -\{\vec{A}, \vec{C}, \vec{B}\} = ¿$$

$$-\{\vec{B}, \vec{A}, \vec{C}\} = -\{\vec{C}, \vec{B}, \vec{A}\}$$

- **Triple producte vectorial**

$$\vec{A} \wedge (\vec{B} \wedge \vec{C}) = \vec{B} \cdot (\vec{A} \cdot \vec{C}) - \vec{C}(\vec{B} \cdot \vec{A})$$

Si agafem l'equació (1.1) per a realitzar els exemples posteriors ja tenim definida la funció $f(x, y, z) = f(\vec{r})$ amb la què treballarem.

Primer de tot avaluarem la funció, sense definir quantitativament les variables, en la variació en x.

$$\frac{\partial f}{\partial x} \lim_{\Delta x \to 0} \frac{f(x+\Delta x, y, z) - f(x, y, z)}{\Delta x}$$

Utilitzant els valors per a cada variable per a la nostra funció o el nostre camp

Electromagnetisme. Teoria clàssica

definit a (1.1):

$$\frac{(x+\Delta x)^2 + z + 3(x+\Delta x)yz - (x^{2y} + z + 3yxz)}{\Delta x} =$$

$$\frac{\partial f}{\partial x} = f_x = 2xy + 3yz$$

De la mateixa manera podem definir les derivades parcials de la funció respecte y i z avaluant la variació:

$$\frac{\partial f}{\partial y} = f_y = x^2 + 3xz$$

$$\frac{\partial f}{\partial z} = f_z = 1 + 3y$$

Si ara realitzem els mateixos càlculs amb un camp de coordenades generalitzades, primer de tot, hem de sel·leccionar i definir les variables necessàries:

$$\vec{l}_0 = (l_{0_x}, l_{0_y}, l_{0_z}) \qquad \Delta \vec{l} = (\Delta x, \Delta y, \Delta z)$$

$$\lambda \vec{l}_0 = (\lambda l_{0_x}, \lambda l_{0_y}, \lambda l_{0_z}) \qquad \vec{l}_0 = \frac{(\Delta x, \Delta y, \Delta z)}{((\Delta x)^2 \cdot (\Delta y)^2 \cdot (\Delta z)^2)^{1/2}}$$

Treballem l'exemple general:

$$\frac{\partial f}{\partial x} \lim_{\lambda \to 0} \frac{f(\vec{r} + \lambda \vec{l}_0) - f(\vec{r})}{\lambda}$$

$$\frac{\partial f}{\partial \vec{l}} \lim_{\substack{\Delta x \to 0 \\ \Delta y \to 0 \\ \Delta z \to 0 \\ \Delta l \to 0}} \frac{f(x+\Delta x, y+\Delta y, z+\Delta z) - f(x,y,z)}{\Delta l} =$$

$$= \lim_{\substack{\Delta x \to 0 \\ \Delta y \to 0 \\ \Delta z \to 0 \\ \Delta l \to 0}} \frac{f(x+\Delta x, y+\Delta y, z+\Delta z) - f(x, y+\Delta y, z+\Delta z)}{\Delta l} \frac{\Delta x}{\Delta l} +$$

$$+ \lim_{\substack{\Delta x \to 0 \\ \Delta y \to 0 \\ \Delta z \to 0 \\ \Delta l \to 0}} \frac{f(x+\Delta x, y+\Delta y, z+\Delta z) - f(x+\Delta x, y, z+\Delta z)}{\Delta l} \frac{\Delta y}{\Delta l} +$$

$$+ \lim_{\substack{\Delta x \to 0 \\ \Delta y \to 0 \\ \Delta z \to 0 \\ \Delta l \to 0}} \frac{f(x+\Delta x, y+\Delta y, z+\Delta z) - f(x+\Delta x, y+\Delta y, z)}{\Delta l} \frac{\Delta z}{\Delta l} =$$

$$= \left(\frac{\partial f}{\partial x}, \frac{\partial f}{\partial y}, \frac{\partial f}{\partial z}\right) \cdot \left(\frac{\Delta x}{\Delta l}, \frac{\Delta y}{\Delta l}, \frac{\Delta z}{\Delta l}\right) = (1.2) =$$

$$= \left(\frac{\partial f}{\partial x}, \frac{\partial f}{\partial y}, \frac{\partial f}{\partial z}\right) \cdot \begin{vmatrix} \frac{\Delta x}{\Delta l} \\ \frac{\Delta y}{\Delta l} \\ \frac{\Delta z}{\Delta l} \end{vmatrix} = (1.3)$$

Si igualem (1.2) = (1.3) ho podem anotar de la següent manera:

$$\nabla f \vec{l}_0 = \frac{\partial f}{\partial \vec{l}} \quad \text{si afegim} \quad d\vec{l} \to \nabla f \cdot \vec{l}_0 dl = \frac{\partial f}{\partial l} d\vec{l}$$

Com que $\vec{l}_0 dl = d\vec{l}$ Obtenim la funció del nostre camp vectorial f definit amb la notació de l'operador **nabla**, o també anomenat **GRADIENT**.

$$\boxed{\nabla f \, d\vec{l} = df}$$

Electromagnetisme. Teoria clàssica

Def: Definim el gradient $(\nabla f \equiv grad\, f)$ com un vector tal què multiplicat escalarment pel diferencial de longitud dl = (dx, dy, dz); dóna la variació de la funció entre dos punts (x, y, z); (x + dx, y + dy, z + dz).

EX

Tornem a agafar com exemple el camp vectorial (1.1) al punt $\vec{r}=(1,1,1)$

Aleshores el gradient serà les components de cada diferencial corresponent al camp amb les variables (**Estan calculats amb anterioritat a la pàgina 17**)

$$\nabla f(\vec{r})=(2xy+3yz,\, x^2+3xz,\, 1+3xy)=(5,4,4)$$

fent els càlculs amb el vector r.

$$\partial f = |\nabla f||d\vec{l}|\cos(\widehat{\nabla f, l_0})$$

per tant ∂f és màxima quan $\nabla f \| \vec{l_0}$.

Propietats

Si $f(\vec{r})=K$ aleshores: $df=0=\nabla f\, d\vec{l}=0$

$\nabla f \perp d\vec{l}$, tal què, $\nabla f \perp \vec{l_0}$

Def: Definim l'operador nabla com les derivades parcials de les coordenades dimensionals respecte el camp vectorial o la funció donada:

$$\nabla f=(f_x, f_y, f_z)=(\frac{\partial}{\partial x}, \frac{\partial}{\partial y}, \frac{\partial}{\partial z})\vec{f}$$

$$\nabla f=(\vec{e}_x\frac{\partial f}{\partial x}, \vec{e}_y\frac{\partial f}{\partial y}, \vec{e}_z\frac{\partial f}{\partial z})$$

Electromagnetisme. Teoria clàssica

1.3 Integral de línia

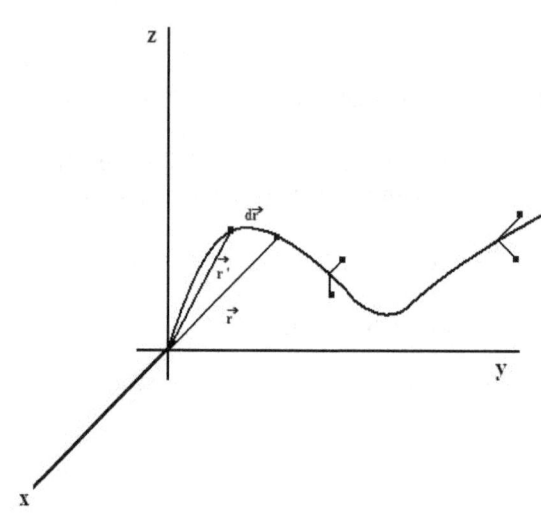

A la *Figura 1.2*, podem observar una funció amb corbes amb els seus vectors ortogonals i una avaluació des de l'origen al punt del vector r i r ' amb el què la diferència o el camí entre ambdós és tan petit que el definim com a un diferencial de r.

Amb les integrals de línia, no hem de patir per l'aspecte del camí, ja que a l'hora de realitzar el càlcul amb el camp que nosaltres tinguem (un camp conservatiu per definició) podrem trobar el treball necessari per arribar d'un punt *a* a un punt *b*.

Def: Definim el treball realitzat com la força F que cal fer per recórrer una distancia.

La força és un camp vectorial i la definició del treball en forma d'equació ve donada per la següent expressió:

$$W = \int_{r_1}^{r_2} \vec{F} \, d\vec{r}$$

Si ara realitzem un càlcul per a un camp vectorial general:

Definim el camp A com: $\vec{A}(\vec{r}) = A_x(\vec{r})\vec{e}_x + A_y(\vec{r})\vec{e}_y + A_z(\vec{r})\vec{e}_z$

Aleshores la integral serà: $I = \int_l \vec{A} \, d\vec{r}$ En conseqüència, al ser un camp conservatiu, podem definir la integral respecte el treball com una funció que no depèn del camí que s'esculli ja que podem fer-la a pams o de cop, però sempre començarà o acabarà a un dels dos punts per on passa la línia. Per tant, en aquests casos, en canvi de fer una integral de línia, podem fer la integral tancada i el treball per al nostre camp vectorial serà: $W = \oint \vec{F}_A d\vec{r}$

Si el nostre camp A procedeix del gradient d'un camp escalar, aquesta integral, sense límits, és **zero**.

$$\vec{A} = \nabla \phi \rightarrow I = \oint \nabla \phi \, d\vec{r} = \oint d\phi = 0$$

Abans de seguir amb la següent secció, definirem o anotarem les **relacions de termes integrals més freqüents:**

- $\int (\nabla \wedge \vec{C}) dV = \int \vec{n} \wedge \vec{C} \, dS$

- $\int (\nabla \wedge \vec{C}) dS = \oint \vec{C} \, d\vec{l}$

- $\int_V \nabla \varphi \, dV = \int \varphi \vec{n} \, dS$

Molts d'aquests termes els veurem amb més deteniment quan realitzem els càlculs en electrostàtica i magnetostàtica. Alguns operadors com el rotacional els veurem en aquest mateix tema.

1.4. Fluxe d'un vector respecte la superfície

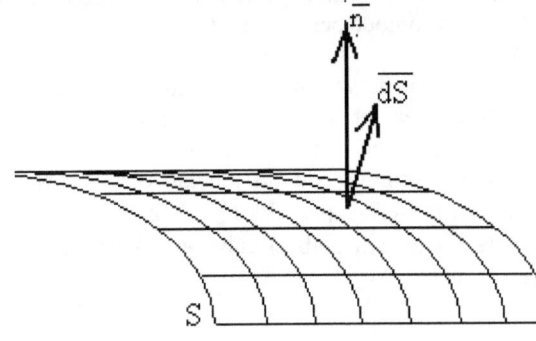

A la *Figura 1.3.* podem veure el flux d'un camp a una superfície.

Def: Definim fluxe de qualsevol camp vectorial com la suma de línies que travessen qualsevol superfície

Electromagnetisme. Teoria clàssica

Anomenem **fluxe** del vector $\vec{A}$ a través de la superfície com:

$$\Phi = \int_S \vec{A} \cdot \vec{n} \cdot dS = \int \vec{v} \cdot \vec{n} \cdot dS$$

definint el vector de la component normal d'aquesta manera:

$$\vec{n} \cdot dS = d\vec{S} \rightarrow \vec{n} = \frac{d\vec{S}}{dS}$$

1.5. Divergència

Def: La divergència d'un camp vectorial és un escalar definit en cada punt de l'espai i, per tant, un camp escalar.

Si disposem d'un camp vectorial $\vec{A}$, la seva divergència serà:

$$(\text{div})\vec{A}(\vec{r}) = \lim_{\Delta V \to 0} \frac{1}{\Delta V} \oint_{S(\Delta V)} \vec{A} \cdot \vec{n} \cdot dS$$

Podem observar que la divergència d'un vector **és un escalar.**

L'expressió anterior és poc pràctica; aleshores amb el raonament que ve a continuació, obtindrem una expressió més còmode per a la pràctica.

Primer de tot hem de considerar un element de volum, en el nostre cas un cub "diferencial", ja que és més fàcil a l'hora d'avaluar a l'espai tridimensional. Al ser diferencial treballem amb petites dimensions i per tant tots els vectors ortogonals a cada superfície o cara del cub vindrà determinat pels diferencials dels vectors unitaris. Aquest element de volum vindrà definit per: $\Delta V = \Delta x \Delta y \Delta z$ i els vectors normals els podem veure, juntament amb el cub, representats a la *Figura 1.4* representada a la pàgina següent:

Electromagnetisme. Teoria clàssica

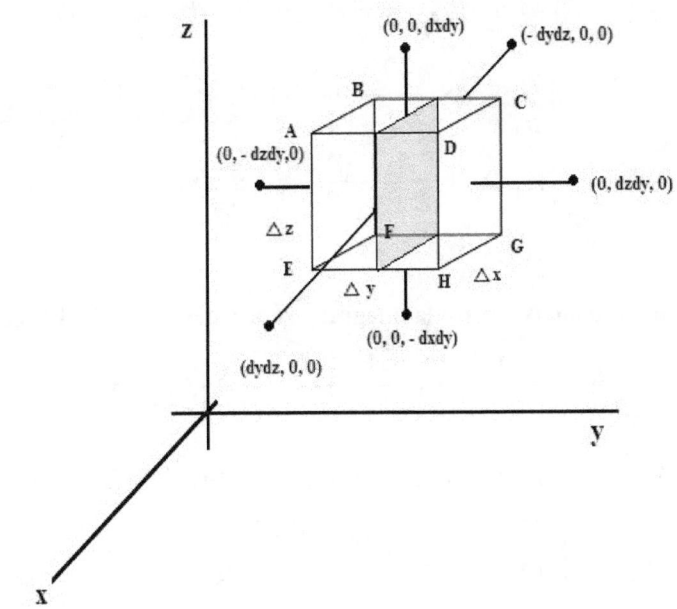

Calculem:

$$(\text{div})\vec{A}(\vec{r}) = \lim_{\Delta V \to 0} \frac{1}{\Delta V} \oint A_x dS_x + A_y dS_y + A_z dS_z =$$

$$= \lim_{\Delta V \to 0} \frac{1}{\Delta x \Delta y \Delta z} \{ \int_{ADEH} A_x dS_x + \int_{BCFG} A_x dS_x + \int_{DCHG} A_y dS_y +$$
$$+ \int_{ABEF} A_y dS_y + \int_{ABCD} A_z dS_z + \int_{EFGH} A_z dS_z \} =$$

$$= \lim_{\Delta V \to 0} \frac{1}{\Delta x \Delta y \Delta z} [\int_{ADEH} (A_x dS_x + \frac{\partial A_x}{\partial x} \cdot \frac{\Delta x}{2}) dzdy +$$
$$+ \int_{BCFG} (A_x dS_x + \frac{\partial A_x}{\partial x} \cdot \frac{-\Delta x}{2})(-dzdy) +$$
$$+ \int_{DCHG} (A_y dS_y + \frac{\partial A_y}{\partial y} \cdot \frac{\Delta y}{2})(-dzdx) +$$

22

Electromagnetisme. Teoria clàssica

$$+ \int_{ABEF} (A_y dS_y + \frac{\partial A_y}{\partial y} \cdot \frac{-\Delta y}{2})(-dzdx) +$$

$$+ \int_{ABCD} (A_z dS_z + \frac{\partial A_z}{\partial z} \cdot \frac{\Delta z}{2})(dxdy) +$$

$$+ \int_{EFGH} (A_z dS_z + \frac{\partial A_z}{\partial z} \cdot \frac{-\Delta z}{2})(-dxdy) \;] \;=\; *$$

11 Com el volum tendeix a zero; la integral o superfície ÉS CONSTANT!

$$* \;=\; \lim_{\Delta V \to 0} \frac{1}{\Delta x \Delta y \Delta z} \left(\frac{\partial A_x}{\partial x}, \frac{\partial A_y}{\partial y}, \frac{\partial A_z}{\partial z} \right) \Delta x \Delta y \Delta z \;=\;$$

Finalment obtenim l'expressió de la divergència en coordenades cartesianes:

$$\boxed{\operatorname{div} \vec{A}(\vec{r}) \;=\; \frac{\partial A_x}{\partial x}, \frac{\partial A_y}{\partial y}, \frac{\partial A_z}{\partial z}}$$

o també representada com:

$$\boxed{\vec{\nabla} \cdot \vec{A} \;=\; \frac{\partial A_x}{\partial x} + \frac{\partial A_y}{\partial y} + \frac{\partial A_z}{\partial z}}$$

fent un producte escalar.

EX

Disposem d'un camp vectorial $\vec{A}$, tal què:
$$\vec{A}(\vec{r}) = x^2 y \vec{e}_x + z^2 x \vec{e}_y + x \cdot \sin(xz) \vec{e}_z$$

Aleshores obtenim que $\operatorname{div} \vec{A}(\vec{r}) \;=\; 2xy + x^2 \cdot \cos(xz)$ i per tant:

$$(\frac{\partial}{\partial x} + \frac{\partial}{\partial y} + \frac{\partial}{\partial z}) \cdot (A_x \vec{e}_x + A_y \vec{e}_y + A_z \vec{e}_z) \;=\;$$

Electromagnetisme. Teoria clàssica

$$= \frac{\partial A_x}{\partial x} + \frac{\partial A_y}{\partial y} + \frac{\partial A_z}{\partial z} = \nabla \cdot \vec{A}$$

1.5.1. La Laplaciana

Def: Definim la Laplaciana com la divergència del gradient en un camp vectorial qualsevol. Si definim un camp ϕ aleshores hauríem de fer:

$$\nabla \cdot \nabla \phi = \frac{\partial}{\partial x}(\frac{\partial \phi}{\partial x}) + \frac{\partial}{\partial y}(\frac{\partial \phi}{\partial y}) + \frac{\partial}{\partial z}(\frac{\partial \phi}{\partial z}) = \frac{\partial^2 \phi}{\partial x^2} + \frac{\partial^2 \phi}{\partial y^2} + \frac{\partial^2 \phi}{\partial z^2} =$$

$$= \boxed{\nabla^2 \phi} \quad \underline{\text{Laplaciana}}$$

A més a més cal remarcar que si $\nabla \cdot A = 0 \not\Rightarrow \nabla \perp A$

1.6. Teorema de Gauss (divergència)

Def: El teorema de Gauss o de la divergència, ens relaciona el fluxe d'un camp vectorial a través d'una superfície tancada que conté un volum amb la integral de la divergència d'aquest volum:

$$S \rightarrow V$$

$$\int (\text{div}\,\vec{A})dV = \int_{S(V)} \vec{A} \cdot \vec{n}\, dS$$

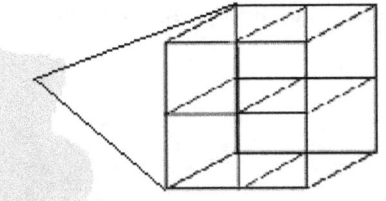

Considerem un volum dividit per cubs infinitessimals que abasten tot el volum de la superfície com es veu a la *Figura 1.5.*

Electromagnetisme. Teoria clàssica

$$\sum_i^N \text{div}\,\vec{A}(\vec{r}_i)\Delta V_i = \sum_i^N (\lim_{\Delta V \to 0} \frac{1}{\Delta V_i} \int_{S(\Delta V_i)} \vec{A}\cdot\vec{n}_i\,dS_i)\Delta V_i =$$

$$= \sum_i^N (\lim_{\Delta V \to 0} \int_{S(\Delta V_i)} \vec{A}\cdot\vec{n}_i\,dS_i) = ** = \int_{S(V)} \vec{A}\vec{n}\,dS$$

(**) Quan sumem les cares dels cubs els sentits dels vectors s'oposen. Aleshores, a totes les cares internes el seu fluxe és zero i només prevaleixen les cares exteriors.

EX

Un clar exemple d'aquest teorema és la llei de Gauss:

$$\to \int_V \nabla\cdot\vec{E}\,dV = \int \vec{E}\vec{n}\,dS \to$$

$$\nabla\cdot\vec{E} = \frac{\rho}{\varepsilon_0} \to \qquad\qquad \boxed{\to \frac{Q}{\varepsilon_0} = \int \vec{E}\vec{n}\,dS}$$

$$\to \int \frac{\rho}{\varepsilon_0} = \frac{Q}{\varepsilon_0} \qquad \to$$

1.6.1. El rotacional

Def: El rotacional és un operador vectorial que mostra la tendència d'un camp vectorial a induir la rotació al voltant d'un punt. $\nabla \wedge \vec{A} = \begin{vmatrix} \vec{e}_i \\ \frac{\partial}{\partial i} \\ A_i \end{vmatrix}$

El rotacional d'un camp vectorial **és un nou camp vectorial.**

$$\text{rot}\,\vec{A}(\vec{r}) = \vec{B}(\vec{r}) \qquad\qquad \nabla \wedge \vec{A}(\vec{r}) = \begin{vmatrix} \vec{e}_x & \vec{e}_y & \vec{e}_z \\ \frac{\partial}{\partial x} & \frac{\partial}{\partial y} & \frac{\partial}{\partial z} \\ A_x & A_y & A_z \end{vmatrix}$$

Electromagnetisme. Teoria clàssica

$$\vec{a} \;\; \text{rot} \;\; \vec{A}(\vec{r}) = \lim_{\Delta S \to 0} \oint_{C(\Delta S)} \vec{A} \, d\vec{r} \quad \text{[\#]}$$

aleshores: $\qquad \text{rot} \;\; \vec{A}(\vec{r}) = \lim_{\Delta V \to 0} \frac{1}{\Delta V} \int_{S(\Delta V)} (\vec{n} \wedge \vec{A}) \, dS$

Seguidament, demostrarem d'on obtenim el resultat del rotacional considerant les tres cares del cub que segueixen les diferents direccions unitàries dels eixos de coordenades. Per fer una idea més gràfica, ho podem observar a la *Figura 1.6*:

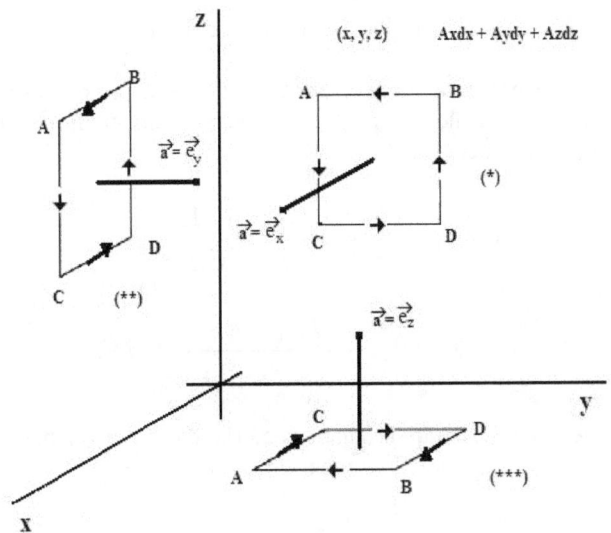

Si fem servir les definicions que hem definit abans: **(#)** i simbolitzem d'una manera vulgar el terme que resta dins de la integral $(\vec{A} \, d\vec{r})$ com l'espai buit que queda entre els següents parèntesis a la integral; podem trobar les coordenades una a una segons amb la seva direccionalitat a l'espai, del rotacional del nostre camp vectorial $\vec{A}$.

Electromagnetisme. Teoria clàssica

$$[\text{rot } \vec{A}(\vec{r})]_x = \lim_{\Delta y, \Delta z \to 0} \frac{1}{\Delta y \Delta z} \left\{ \int_{AB} (\ ) + \int_{CD} (\ ) + \int_{DA} (\ ) \int_{BC} (\ ) \right\} =$$

Com ja vam fer en el cas de la divergència, seguirem els mateixos pasos:

$$= \{ \int_{AB} [A_y + \frac{\partial A_y}{\partial z} \cdot \frac{\Delta z}{2}](-dy) + \int_{CD} [A_y + \frac{\partial A_y}{\partial z} \cdot \frac{-\Delta z}{2}](dy) +$$

$$+ \int_{DA} [A_z + \frac{\partial A_z}{\partial y} \cdot \frac{\Delta y}{2}](-dz) + \int_{BC} [A_z + \frac{\partial A_z}{\partial y} \cdot \frac{-\Delta y}{2}](dz) \} \frac{1}{\Delta y \Delta z} =$$

$$= \frac{\partial A_y}{\partial z} - \frac{\partial A_z}{\partial y} \quad (*) \quad (*)\text{Gràfica}$$

Aquest valor però, només correspon al rotacional del camp a les x.

Si seguim el mateix procediment que hem fet per a les x, tant per les y com les z; arribarem als resultats següents amb les **representacions gràfiques** a la *Figura 1.6* amb (**) i (***) respectivament:

$$[\text{rot } \vec{A}(\vec{r})]_y = \frac{\partial A_x}{\partial z} - \frac{\partial A_z}{\partial x} \quad (**)$$

$$[\text{rot } \vec{A}(\vec{r})]_z = \frac{\partial A_y}{\partial x} - \frac{\partial A_x}{\partial y} \quad (***)$$

Per tant observem que si fem un producte vectorial en una component, trobem les coordenades a aquella direcció. Observem-ho:

$$\text{rot} \vec{A}(\vec{r}) = \begin{vmatrix} \vec{e}_x & \vec{e}_y & \vec{e}_z \\ \frac{\partial}{\partial x} & \frac{\partial}{\partial y} & \frac{\partial}{\partial z} \\ A_x & A_y & A_z \end{vmatrix}$$

Si fèssim el producte vectorial a les z, hauríem de multiplicar (en posicions de la matriu) el **(2.1)·(3.2) – (2.2)·(3.1)** i veiem que es correspon al rotacional del camp A per a les coordenades de z.

Electromagnetisme. Teoria clàssica

Propietats

$$\text{rot } \nabla \vec{A}(\vec{r}) = \begin{vmatrix} \vec{e}_x & \vec{e}_y & \vec{e}_z \\ \dfrac{\partial}{\partial x} & \dfrac{\partial}{\partial y} & \dfrac{\partial}{\partial z} \\ \dfrac{\partial \phi}{\partial x} & \dfrac{\partial \phi}{\partial y} & \dfrac{\partial \phi}{\partial z} \end{vmatrix} = \vec{e}_x [\dfrac{\partial}{\partial y}(\dfrac{\partial \phi}{\partial z}) - \dfrac{\partial}{\partial z}(\dfrac{\partial \phi}{\partial y})] +$$

$$\vec{e}_y [\dfrac{\partial}{\partial z}(\dfrac{\partial \phi}{\partial x}) - \dfrac{\partial}{\partial x}(\dfrac{\partial \phi}{\partial z})] + \vec{e}_z [\dfrac{\partial}{\partial x}(\dfrac{\partial \phi}{\partial y}) - \dfrac{\partial}{\partial y}(\dfrac{\partial \phi}{\partial x})] = 0$$

$$\oint \vec{A} d\vec{r} = 0 \rightarrow \text{rot } A = 0$$

EX

Si tornem a agafar el camp vectorial donat a la primera pàgina, equació (1.1) i que tornem a recordar: $\vec{A}(\vec{r}) = x^2 y \vec{e}_x + z^2 \vec{e}_y + 3xyz \vec{e}_z$ definim les components del camp:

$$A_x = x^2 y \;\; ; \;\; A_y = z^2 \;\; ; \;\; A_z = 3xyz$$

Calcular el rotacional és fàcil si apliquem l'expressió per a calcular-la si realitzem les operacions diferencials abans. En aquest cas són derivades senzilles i no farem el procediment. Per tant, el resultat del rotacional del nostre camp vectorial serà:

$$\text{rot } \vec{A}(\vec{r}) = \begin{vmatrix} \vec{e}_x & \vec{e}_y & \vec{e}_z \\ \dfrac{\partial}{\partial x} & \dfrac{\partial}{\partial y} & \dfrac{\partial}{\partial z} \\ A_x & A_y & A_z \end{vmatrix} = \vec{e}_x (3xz - 2z) + \vec{e}_y (3yz) + \vec{e}_z (-x^2)$$

Electromagnetisme. Teoria clàssica

1.7. Teorema de *Stokes*

Com hem fet pel teorema de la divergència o de *Gauss*, també podem donar una expressió per la integral del rotacional que ens vindrà definida pel **Teorema de Stokes**:

Sigui S una superfície qualsevol de l'espai i C una trajectòria (unidimensional) que limita la superfície S no necessàriament plana, obtenim la relació següent:

$$\boxed{\oint_C \vec{A} \, d\vec{l} = \int_S (\nabla \wedge \vec{A}) \vec{n} \, d\vec{S}}$$

Per demostrar-ho, considerarem un punt amb una superfície intinitessimal amb un vector unitari de superfície $\vec{n}$:

$\Delta a = \Delta S \cdot \vec{n}$ Aleshores: $\oint_{\Delta C} \vec{A} \, d\vec{l} = \int_{\Delta a} (\nabla \wedge \vec{A}) \, d\vec{S} \simeq \langle (\nabla \wedge \vec{A}) \vec{n} \rangle \Delta S$ i per tant, el promig en el nostre punt de la superfície infinitessimal serà:

$\langle (\nabla \wedge \vec{A}) \vec{n} \rangle_p \simeq \dfrac{1}{\Delta C} \oint_{\Delta S} \vec{A} \, d\vec{l}$ i si ara fem el límit de ΔS quan tendeix a zero, ja podem desfer l'aproximació i transformar-ho amb una igualtat:

$$(\nabla \wedge \vec{A}) \vec{n} = \lim_{\Delta S \to 0} \dfrac{1}{\Delta S} \oint_C \vec{A} \, d\vec{l}$$

Observem que la relació que hem obtingut és la mateixa que havíem suposat per la definició de rotacional en l'apartat anterior, però modificant algunes variables de notació.

És important adonar-se'n que malgrat estiguem parlant d'un rotacional, el resultat és una relació escalar com el teorema de la divergència. Això és degut a que aquí només avaluem una component d'orientació concreta del nostre rotacional. Per exemple, si orientem el camp en un sentit pot ser que el rotacional sigui nul, però només canviant l'orientació del nostre vector unitari de superfície, podem trobar diferents valors pel nostre camp. Això ho podem visualitzar amb un molinet de vent situant-lo en un corrent d'aigua, si el situem en la direcció del corrent no gira ja que el flux d'aigua s'anul·la el d'un costat amb el de l'altre.

Per acabar, cal recordar que el rotacional en un camp constant és zero!!

Electromagnetisme. Teoria clàssica

1.8. Teorema de *Helmholtz*

Aquest teorema l'enunciarem però no realitzarem la demostració, ja que és una mica feixuga de fer i el què més ens interessa és la interpretació i la matemàtica que ens presenta.

Teorema de *Helmholtz*: Una funció f ens presenta un camp vectorial tal què $f = (x, y, z)$ i que ens defineix un volum finit V. Si coneixem tots els punts de la divergència ($\nabla \cdot \vec{f}$) i del rotacional ($\nabla \wedge \vec{f}$) de f; **coneixem el camp**. És a dir, si els resultats pel rotacional i la divergència són $\nabla \cdot \vec{f} = \rho$ i $\nabla \wedge \vec{f} = \vec{J}$, tenim:

$$\vec{f} = -\nabla \cdot \phi + \nabla \wedge \vec{A}$$

amb:

$$\phi(\vec{r}) = \frac{1}{4\pi} \int_V \frac{\rho(\vec{r}\,')}{|\vec{r} - \vec{r}\,'|} dV' \quad ; \quad A(\vec{r}) = \frac{1}{4\pi} \int_V \frac{\vec{J}(\vec{r}\,')}{|\vec{r} - \vec{r}\,'|} dV'$$

1.9. Coordenades curvilínies

A les coordenades curvilínies tenim dos exemples típics. Aquests són les coordenades en cilíndriques i en esfèriques. En general:

$$\{\vec{e}_x, \vec{e}_y, \vec{e}_z\} \rightarrow \begin{array}{l} \vec{e}_x \wedge \vec{e}_y = \vec{e}_z \\ \vec{e}_x \wedge \vec{e}_z = -\vec{e}_y \\ \vec{e}_y \wedge \vec{e}_z = \vec{e}_x \end{array}$$

$$\{\vec{e}_u, \vec{e}_v, \vec{e}_w\} \rightarrow \begin{array}{l} \vec{e}_u \wedge \vec{e}_v = \vec{e}_w \\ \vec{e}_u \wedge \vec{e}_w = -\vec{e}_v \\ \vec{e}_v \wedge \vec{e}_w = \vec{e}_u \end{array}$$

***Figura 1.7.*:**

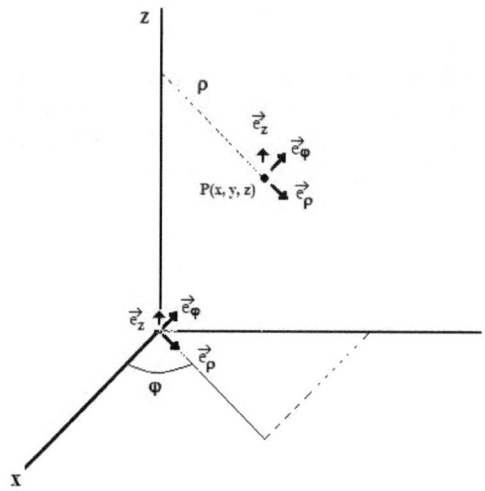

Anem a entendre i a definir millor els paràmetres de la ***Figura 1.7***.

i) $P(x,y,z) = P(\rho, \varphi, z)$ *ii)* $-\infty \leq \begin{matrix} x \\ y \\ z \end{matrix} \leq +\infty$

iii) $0 \leq \rho \leq +\infty$ *iv)* $-\infty \leq z \leq +\infty$

v) $0 \leq \varphi \leq 2\pi$ *vi)* $\begin{matrix} x = \rho \cos\varphi \\ y = \rho \sin\varphi \\ z = z \end{matrix}$

Fem un kit-kat per a definir uns conceptes que farem servir a continuació per a trobar les noves coordenades del nostre camp A.

$$\vec{e}_\rho = \vec{e}_x \cos\varphi + \vec{e}_y \sin\varphi \quad ; \quad \vec{e}_\varphi = -\vec{e}_x \sin\varphi + \vec{e}_y \cos\varphi \quad ; \quad \vec{e}_z = \vec{e}_z$$

Electromagnetisme. Teoria clàssica

$$det\ U = 1\ ;\ U^{-1} = U^t$$

$$U^t = \begin{pmatrix} \cos\varphi & -\sin\varphi & 0 \\ \sin\varphi & \cos\varphi & 0 \\ 0 & 0 & 1 \end{pmatrix} = (*)$$

Treballem en matrius:

$$\begin{pmatrix} \vec{e}_\rho \\ \vec{e}_\varphi \\ \vec{e}_z \end{pmatrix} = \begin{pmatrix} \cos\varphi & -\sin\varphi & 0 \\ \sin\varphi & \cos\varphi & 0 \\ 0 & 0 & 1 \end{pmatrix} \begin{pmatrix} \vec{e}_x \\ \vec{e}_y \\ \vec{e}_z \end{pmatrix} \rightarrow (*) \begin{pmatrix} \vec{e}_x \\ \vec{e}_y \\ \vec{e}_z \end{pmatrix} = U^t \begin{pmatrix} \vec{e}_\rho \\ \vec{e}_\varphi \\ \vec{e}_z \end{pmatrix}$$

Aleshores el vector $\vec{A}$ passa a ser:

$$\vec{A} = A_x(\vec{e}_\rho \cos\varphi - \vec{e}_\varphi \sin\varphi) + A_y(\vec{e}_\rho \sin\varphi + \vec{e}_\varphi \cos\varphi) + A_z(\vec{e}_z)$$

Per tant, podem definir el nostre camp amb les noves coordenades curvilínies mitjançant el càlcul amb la matriu per a realitzar un canvi de base. El nostre camp vindrà definit per:

$$\boxed{\vec{A} = A_\rho \vec{e}_\rho + A_\varphi \vec{e}_\varphi + A_z \vec{e}_z}$$

En el què definim els paràmetres següents extrets de la matriu com:

$$A_\rho = (A_x \cos\varphi + A_y \sin\varphi)\vec{e}_\rho \qquad A_\varphi = (-A_x \sin\varphi + A_y \cos\varphi)\vec{e}_\varphi$$

- **Longituds**

Definirem els elements de longituds i els relacionarem amb els diferencials i els canvis de variables que fem servir.

$$\vec{r} = x\vec{e}_x + y\vec{e}_y + z\vec{e}_z \rightarrow d\vec{r} = \frac{\partial \vec{r}}{\partial x}dx + \frac{\partial \vec{r}}{\partial y}dy + \frac{\partial \vec{r}}{\partial z}dz =$$

$$= \vec{e}_x dx + \vec{e}_y dy + \vec{e}_z dz\ ;\ \text{definim} \quad \vec{r} = \vec{f}(x,y,z)\ ;\ \text{definides les}$$

Electromagnetisme. Teoria clàssica

variables en funció del les variables que volem fer el canvi. Aleshores:

$$x = x(\rho, \varphi, z) \quad ; \quad y = y(\rho, \varphi, z) \quad ; \quad z = z(\rho, \varphi, z)$$

$$d\vec{r} = \frac{\partial \vec{f}}{\partial x} dx + \frac{\partial \vec{f}}{\partial y} dy + \frac{\partial \vec{f}}{\partial z} dz = [\vec{e}_x (d\rho \cos\varphi - \rho \sin\varphi \, d\varphi) +$$
$$+ \vec{e}_y (d\rho \sin\varphi + \rho \cos\varphi \, d\varphi) + \vec{e}_z dz] = (\vec{e}_x \cos\varphi + \vec{e}_y \sin\varphi) d\rho +$$
$$+ (-\vec{e}_x \sin\varphi + \vec{e}_y \cos\varphi) \rho \, d\varphi + \vec{e}_z dz =$$

Si fem els passos com a l'exemple del camp A

$$= \boxed{d\vec{r} = \vec{e}_\rho d\rho + \vec{e}_\varphi \rho \, d\varphi + \vec{e}_z dz}$$

Si ara agafem un element de volum (un paral·lelepíped, és l'element més usual per aquestes ocasions) definit com: $d\vec{V} = \rho \, d\varphi \, dz \, d\rho$ i l'observem gràficament (*Figura 1.8*) en el què farem un càlcul semblant al que vàrem fer per a trobar la definició de la divergència:

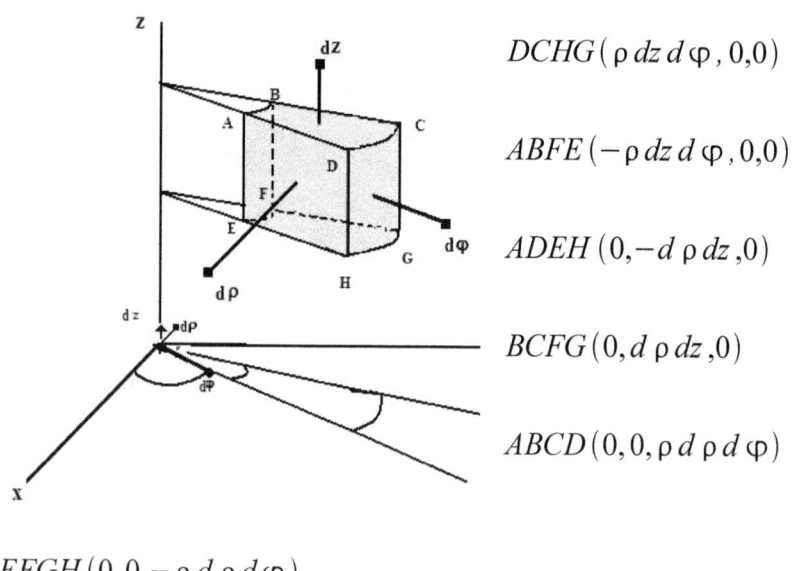

$DCHG(\rho \, dz \, d\varphi, 0, 0)$

$ABFE(-\rho \, dz \, d\varphi, 0, 0)$

$ADEH(0, -d\rho \, dz, 0)$

$BCFG(0, d\rho \, dz, 0)$

$ABCD(0, 0, \rho \, d\rho \, d\varphi)$

$EFGH(0, 0, -\rho \, d\rho \, d\varphi)$

Electromagnetisme. Teoria clàssica

Aleshores obtenim el següent resultat pel rotacional d'un camp vectorial A:

$$(\text{rot } \vec{A})\vec{e}_\rho = \lim_{\Delta S \to 0} \frac{1}{\Delta S} \oint \vec{A}\, dl = \lim_{\Delta S \to 0} \frac{1}{\rho\, d\varphi\, dz} \oint \vec{A}\, dl$$

!! No ho hem de confondre amb el procés original ja que aquí fem un canvi de variables a la base vectorial, tal com havíem dit. Per tant:

$$\text{rot}\vec{A}(\vec{r}) \neq \begin{vmatrix} \vec{e}_\rho & \vec{e}_\varphi & \vec{e}_z \\ \dfrac{\partial}{\partial \rho} & \dfrac{\partial}{\partial \varphi} & \dfrac{\partial}{\partial z} \\ A_x & A_y & A_z \end{vmatrix}$$

Podem observar que per a què funcionés cal canviar les components del camp de x, y, z a les noves coordenades ρ, φ, z.

1.9.1. Coordenades esfèriques

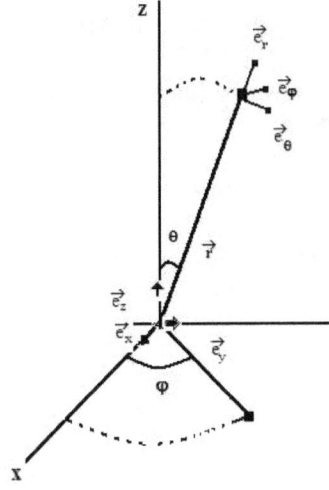

Figura 1.9.: *Representació coordenades esfèriques.*

Realitzarem el mateix procediment que amb l'anterior, definirem primer els paràmetres que treballarem:

i) $\vec{r} = \vec{e}_x x + \vec{e}_y y + \vec{e}_z z$

ii) $-\infty \leq x \leq +\infty$

iii) $0 \leq r \leq +r$

iv) $0 \leq \theta \leq \pi$

v) $0 \leq \varphi \leq 2\pi$

vi) $\vec{r} = (r, \theta, \varphi)$

Electromagnetisme. Teoria clàssica

Ara podríem definir les coordenades cartesianes ja que dependràn dels nous paràmentres:

$$x = f(r, \theta, \varphi) \quad \rightarrow \quad x = r\sin\theta\cos\varphi$$

$$y = g(r, \theta, \varphi) \quad \rightarrow \quad y = r\sin\theta\sin\varphi$$

$$z = h(r, \theta, \varphi) \quad \rightarrow \quad z = r\cos\theta$$

Per tant, ja estem preparats per a poder trobar la nova configuració de coordenades:

$$d\vec{r} = \frac{\partial \vec{r}}{\partial x}dx + \frac{\partial \vec{r}}{\partial y}dy + \frac{\partial \vec{r}}{\partial z}dz = \vec{e}_x dx + \vec{e}_y dy + \vec{e}_z dz$$

Podem definir els valors diferencials (dx, dy, dz) com la suma de les parcials de la cartesiana respecte les tres noves coordenades, és a dir, amb l'exemple de x:

$$dx = \frac{\partial x}{\partial r} + \frac{\partial x}{\partial \theta} + \frac{\partial x}{\partial \varphi} \qquad (1.2)$$

Amb aquesta prèvia definició, és facil trobar les components diferencials del vector r per a les coordenades x, y, z.

$$d\vec{r}_x = \vec{e}_x(\sin\theta\cos\varphi\, dr + r\cos\theta\cos\varphi\, d\theta - r\sin\theta\sin\varphi\, d\varphi)$$

En què les tres parts del parèntesis corresponen respectivament als diferencials de la fórmula (1.2). Amb el mateix procediment obtenim:

$$d\vec{r}_y = \vec{e}_y(\sin\theta\sin\varphi\, dr + r\cos\theta\sin\varphi\, d\theta + r\sin\theta\cos\varphi\, d\varphi)$$

$$d\vec{r}_z = \vec{e}_z(\cos\theta\, dr - r\sin\theta\, d\theta)$$

Per tant, finalment obtenim:

$$d\vec{r} = \frac{\partial \vec{r}}{\partial r}dr + \frac{\partial \vec{r}}{\partial \theta}d\theta + \frac{\partial \vec{r}}{\partial \varphi}d\varphi = \vec{u}_r dr + \vec{u}_\theta d\theta + \vec{e}_\varphi d\varphi$$

Que treballant amb la matriu realitzant els canvis de variable correctes (pàgina 30 es pot veure un exemple) obtenim:

Electromagnetisme. Teoria clàssica

$$d\vec{r} = (\vec{e}_x \sin\theta\cos\varphi + \vec{e}_y \sin\theta\sin\varphi + \vec{e}_z \cos\theta) dr +$$
$$+ (\vec{e}_x \cos\theta\cos\varphi + \vec{e}_y r\cos\theta\sin\varphi - \vec{e}_z r\sin\theta) d\theta +$$
$$+ (-\vec{e}_x r\sin\theta\sin\varphi + \vec{e}_y r\sin\theta\cos\varphi) d\varphi \qquad (1.3)$$

En què respectivament són: $\vec{u}_r ; \vec{u}_\theta ; \vec{u}_\varphi$

Els mòduls d'aquests nous vectors unitaris vindran determinats pels següents valors:

$$|\vec{u}_r| = 1 \quad ; \quad |\vec{u}_\theta| = r \quad ; \quad |\vec{u}_\varphi| = r\sin\theta$$

i el canvi de variables en valors unitaris serà:

$$\vec{e}_r = \vec{u}_r \quad ; \quad \vec{e}_\theta = \frac{\vec{u}_\theta}{r} \quad ; \quad \vec{e}_\varphi = \frac{\vec{u}_\varphi}{r\sin\theta}$$

i el vector posició:

$$\boxed{d\vec{r} = \vec{e}_r dr + \vec{e}_\theta r d\theta + \vec{e}_\varphi r\sin\theta d\varphi}$$

- **Ara treballem amb les coordenades en referència a les matrius**

Si tenim el vector r i el camp A definits de la manera següent:

$$d\vec{r} = (dr, rd\theta, r\sin\theta d\varphi)$$

$$\vec{A} = A_r \vec{e}_r + A_\theta \vec{e}_\theta + A_\varphi \vec{e}_\varphi = A_x \vec{e}_x + A_y \vec{e}_y + Az \vec{e}_z$$

$$\oint (A_x dx + A_y dy + A_z dz) = \oint (A_r dr + r A_\theta d\theta + r\sin\theta A_\varphi d\varphi)$$

En aquesta darrera integral hem realitzat el canvi de variable que hem definit a la pàgina anterior amb els vectors unitaris.

Per a definir les matrius, agafem les components x, y, z de les noves coordenades. És ràpid realitzar-la si observem l'equació *1.3*

$$\begin{pmatrix} \vec{e}_r \\ \vec{e}_\theta \\ \vec{e}_\varphi \end{pmatrix} = \begin{pmatrix} \sin\theta\cos\varphi & \sin\theta\sin\varphi & \cos\theta \\ \cos\theta\cos\varphi & \cos\theta\sin\varphi & -\sin\theta \\ -\sin\varphi & \cos\varphi & 0 \end{pmatrix} \begin{pmatrix} \vec{e}_x \\ \vec{e}_y \\ \vec{e}_z \end{pmatrix}$$

Electromagnetisme. Teoria clàssica

Com ja havíem vist abans, si det (U) = 1 i $U^t = U^{-1}$ obtenim:

$$\begin{pmatrix} \vec{e}_x \\ \vec{e}_y \\ \vec{e}_z \end{pmatrix} = \begin{pmatrix} \sin\theta\cos\varphi & \cos\theta\cos\varphi & -\sin\varphi \\ \sin\theta\sin\varphi & \cos\theta\sin\varphi & \cos\varphi \\ \cos\theta & -\sin\theta & 0 \end{pmatrix} \begin{pmatrix} \vec{e}_r \\ \vec{e}_\theta \\ \vec{e}_\varphi \end{pmatrix}$$

Expressat d'una manera més simple amb les definicions:

$$\begin{pmatrix} \Delta r \\ \Delta \theta \\ \Delta \varphi \end{pmatrix} = U \begin{pmatrix} \Delta x \\ \Delta y \\ \Delta z \end{pmatrix} \qquad \begin{pmatrix} \Delta x \\ \Delta y \\ \Delta z \end{pmatrix} = U^{-1} \begin{pmatrix} \Delta r \\ \Delta \theta \\ \Delta \varphi \end{pmatrix}$$

1.10. Coordenades de superfície i volúmiques

En aquest apartat ferem només una petita menció i estudi d'un paral·lelepíped en una esfera.

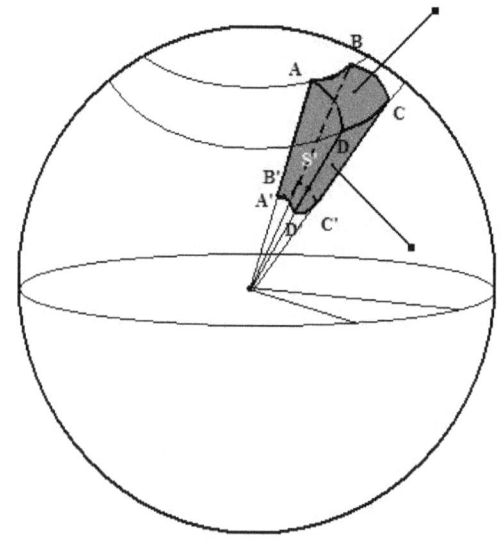

Figura 1.10.: Paral·lelepíped representat en una esfera i d'una superfície **S '**.

Si fem l'estudi de les diferents cares de l'element de volum i definim les variables r i els vectors de posició:

$$\vec{r} = (u_1\ u_2\ u_3)$$

$$x = x(u_1, u_2, u_3)$$
$$y = y(u_1, u_2, u_3)$$
$$z = z(u_1, u_2, u_3)$$

L'estudi de les diferents cares

serà:

$$ABCD = dS_r = (r^2 \sin\theta \, d\varphi \, d\theta, 0, 0)$$
$$A'B'C'D' = dS_r = (-r^2 \sin\theta \, d\varphi \, d\theta, 0, 0)$$
$$DCD'C' = dS_\theta = (0, r \sin\theta \, d\varphi \, dr, 0)$$
$$A'B'AB = dS_\theta = (0, -r \sin\theta \, d\varphi \, dr, 0)$$
$$ADD'A' = dS_\varphi = (0, 0, -r \, d\theta \, dr)$$
$$B'BCC' = dS_\varphi = (0, 0, r \, d\theta \, dr)$$

Aleshores:

$dV = dr \, r \, d\theta \cdot r\sin\theta \, d\varphi = r^2 \, dr \sin\theta \, d\theta \, d\varphi$, si definim el paràmetre de $d\Omega = \sin\theta \, d\theta \, d\varphi$ obtenim:

$$\boxed{dV = r^2 \, dr \, d\Omega}$$

1.11. Coordenades curvilínies (2.0)

Si fem servir els paràmetres de la secció **1.8**: $x = x(u_1, u_2, u_3)$ $y = y(u_1, u_2, u_3)$ $z = z(u_1, u_2, u_3)$ amb $u_1 = \rho$ $u_2 = \varphi$ $u_3 = z$ // $u_1 = r$ $u_2 = \theta$ $u_3 = \varphi$ i definim un element de volum amb uns vectors normals de diferencials de superfície per a cada cara podem realitzar l'estudi generalitzat següent:
$$\vec{r} = \vec{e}_x x + \vec{e}_y y + \vec{e}_z z$$

$$d\vec{r} = \frac{\partial \vec{r}}{\partial x} dx + \frac{\partial \vec{r}}{\partial y} dy + \frac{\partial \vec{r}}{\partial z} dz = \vec{e}_x dx + \vec{e}_y dy + \vec{e}_z dz$$
$$d\vec{r} = \frac{\partial \vec{r}}{\partial u_1} du_1 + \frac{\partial \vec{r}}{\partial u_2} du_2 + \frac{\partial \vec{r}}{\partial u_2} du_2 = \vec{u}_1 du_1 + \vec{u}_2 du_2 + \vec{u}_3 du_3$$

Aleshores, si avaluem les variables una a una respecte a $\vec{r}$ trobarem les parcials que ens determinaran el vector posició. Per tant si realitzem les parcials:

Electromagnetisme. Teoria clàssica

i) $\dfrac{\partial \vec{r}}{\partial u_1}=\dfrac{\partial \vec{r}}{\partial x}\dfrac{\partial x}{\partial u_1}+\dfrac{\partial \vec{r}}{\partial y}\dfrac{\partial y}{\partial u_1}+\dfrac{\partial \vec{r}}{\partial z}\dfrac{\partial z}{\partial u_1}=\left(\dfrac{\partial x}{\partial u_1},\dfrac{\partial y}{\partial u_1},\dfrac{\partial z}{\partial u_1}\right); |u_1|=f_1$

ii) $\dfrac{\partial \vec{r}}{\partial u_2}=\ldots=\left(\dfrac{\partial x}{\partial u_2},\dfrac{\partial y}{\partial u_2},\dfrac{\partial z}{\partial u_2}\right); |u_2|=f_2$

iii) $\dfrac{\partial \vec{r}}{\partial u_3}=\ldots=\left(\dfrac{\partial x}{\partial u_3},\dfrac{\partial y}{\partial u_3},\dfrac{\partial z}{\partial u_3}\right); |u_3|=f_3$

Aleshores el nostre vector diferencial de posició serà: $d\vec{r}=(f_1 du_1, f_2 du_2, f_3 du_3)$ i finalment:

$$d\vec{r}=(f_1 du_1 \vec{e}_1 + f_2 du_2 \vec{e}_2 + f_3 du_3 \vec{e}_3)$$

$$d\vec{r}=(d\rho\,\vec{e}_\rho + \rho\,d\varphi\,\vec{e}_\varphi + dz\,\vec{e}_z)$$

$$d\vec{r}=(dr\,\vec{e}_r + r\,d\theta\,\vec{e}_\theta + r\sin\theta\,d\varphi\,\vec{e}_\varphi)$$

1.12. Integrals de volum i de superfície

Segons el problema que treballem i en les dimensions en què el considerem, ens caldran fer integrals de volum i de superfície. Anem a definir-les i a treballar un petit exemple amb cada una:

- **Integral de superfície:** Definim un camp vectorial $A = A(x, y, z)$ i $d\vec{S}=dS\,\vec{n}$. Aleshores: $\int_S \vec{A}\,d\vec{S}=\int_S A_x dS_x + A_y dS_y + A_z dS_z$

  EX Calcular la integral de superfície de $\vec{A}=yz\,\vec{e}_x + zx\,\vec{e}_y + xy\,\vec{e}_z$ sabent que ens defineix un quart de la superfície d'un cercle de radi a en el pla *x-y*.

  El que hem de fer primer és veure quin serà el nostre vector unitari perpendicular. Si treballem al pla *x-y* és fàcil veure que serà *dz* el dominant, però anem-ho a veure:

Electromagnetisme. Teoria clàssica

$$S = \pi a^2 \rightarrow \frac{1}{4}\pi a^2 \quad i \quad a^2 = x^2 + y^2 \quad \text{tenim} \quad S = \pi a^2 \rightarrow \frac{1}{4}\pi(x^2+y^2)$$

aleshores com **dx = dy = 0**, només tenim **dz** com a únic vector perpendicular i $dS_z = dx\, dy\, \vec{e}_z$. Aleshores si $y = \sqrt{a^2 - x^2}$ calculem:

$$\int_S \vec{A}\, d\vec{S} = \iint x \cdot y\, dx\, dy = \int_0^a x\, dx \int_0^{\sqrt{a^2-x^2}} y\, dy$$

aleshores si fem la integral de $y\, dy$ amb els seus límits d'integració obtenim: $\frac{1}{2}(a^2 - x^2)$. Si ara fem la integral de x, ens vidrà determinada per la integral:

$$\frac{1}{2}\int_0^a x(a^2 - x^2)\, dx = \frac{1}{2}\int_0^a (x a^2 - x^3)\, dx = \quad \boxed{\int_S \vec{A}\, d\vec{S} = \frac{1}{8}a^4}$$

- **Integrals de volum:** Les integrals de volum ens vindran definides per $\int_V \vec{A}\, d\vec{V} = \iiint \vec{A}\, dx\, dy\, dz$ si A és un camp tal què $A(x, y, z)$. Malgrat tot, les integrals de volum la majoria de vegades es realitza amb coordenades esfèriques, tot i que sempre hem d'avaluar en quines coordenades ens serà més correcte.

Per a ressoldre integrals en coordenades esfèriques, cal recórrer al canvi de variables diferencial fent servir el *Jacobià*. Per tant:

$$\iiint A(x, y, z)\, dx\, dy\, dz = \iiint A(r, \theta, \varphi) \left|\frac{\partial(x, y, z)}{\partial(r, \theta, \varphi)}\right| dr\, d\theta\, d\varphi$$

en què el Jacobià de definit per
$$\left|\frac{\partial(x, y, z)}{\partial(r, \theta, \varphi)}\right| = \begin{vmatrix} \frac{\partial x}{\partial r} & \frac{\partial y}{\partial r} & \frac{\partial z}{\partial r} \\ \frac{\partial x}{\partial \theta} & \frac{\partial y}{\partial \theta} & \frac{\partial z}{\partial \theta} \\ \frac{\partial x}{\partial \varphi} & \frac{\partial y}{\partial \varphi} & \frac{\partial z}{\partial \varphi} \end{vmatrix}$$

Aleshores la integral serà $\iiint A(x, y, z)\, dx\, dy\, dz = \iiint A(r, \theta, \varphi)\, dV$ que si mirem a la pàgina 38 $dV = r^2 \sin\theta\, dr\, d\theta\, d\varphi$ i ja no ens caldrà fer el Jacobià.

EX Anem a trobar el volum d'una esfera de radi R per coordenades esfèriques:

Electromagnetisme. Teoria clàssica

$$V = \int dV = \iiint r^2 \sin\theta \, dr \, d\theta \, d\varphi = \int_0^R r^2 \, dr \int_0^\pi \sin\theta \, d\theta \int_0^{2\pi} d\varphi =$$

$$= \int_0^R r^2 \, dr \int_0^\pi \sin\theta \, d\theta \cdot 2\pi = 4\pi \int_0^R r^2 \, dr = \frac{4}{3} \pi R^3$$

Aquest darrer càlcul per coordenades cartesianes hagués sigut més llarg i a més a més s'ha d'anar molt en compte amb els límits d'integració per a no integrar una secció dues vegades.

1.13. Delta de *Dirac*

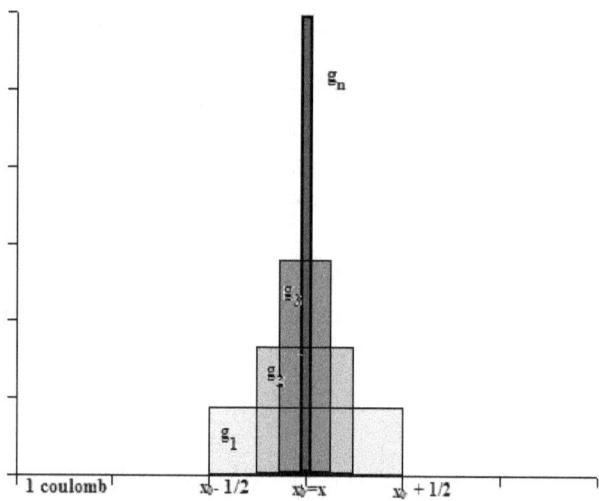

Figura 1.11. : Si tenim un coulomb de càrrega i reduïm a la meitat la distància, l'alçada puja el doble i així, successivament. D'aquesta manera definim la funció delta de *Dirac*, una funció que treballarem amb les equacions de l'electromagnetisme, però que sobretot es fa servir en el camp de la física quàntica.

Seguidament, veurem les formes de la funció fins a arribar al valor de la delta de *Dirac*, que ens definirà una a una les funcions secundàries $\vec{g}$ i ens donarà una expressió general per a qualsevol valor de $\vec{g}$.

$$g_1(x-x_0) = \begin{cases} = 1 \text{ si } |x-x_0| \leq \dfrac{1}{2} \\ \\ = 0 \text{ si } |x-x_0| > \dfrac{1}{2} \end{cases} \qquad \int_{-\infty}^{+\infty} g_1(x-x_0)\,dx = 1$$

$$g_2(x-x_0) = \begin{cases} = 2 \text{ si } |x-x_0| \leq \dfrac{1}{4} \\ \\ = 0 \text{ si } |x-x_0| > \dfrac{1}{4} \end{cases} \qquad \int_{-\infty}^{+\infty} g_2(x-x_0)\,dx = 1$$

$$g_3(x-x_0) = \begin{cases} = 3 \text{ si } |x-x_0| \leq \dfrac{1}{6} \\ \\ = 0 \text{ si } |x-x_0| > \dfrac{1}{6} \end{cases} \qquad \int_{-\infty}^{+\infty} g_3(x-x_0)\,dx = 1$$

$$g_n(x-x_0) = \begin{cases} = n \text{ si } |x-x_0| \leq \dfrac{1}{2n} \\ \\ = 0 \text{ si } |x-x_0| > \dfrac{1}{2n} \end{cases} \qquad \int_{-\infty}^{+\infty} g_n(x-x_0)\,dx = 1$$

Electromagnetisme. Teoria clàssica

Per tant:

$$\lim_{n\to\infty} g_n(x-x_0) = \delta(x-x_0)$$

$$\to \infty \quad |x-x_0| \leq \frac{1}{\infty} \quad ; \quad x = x_0$$

$$\to 0 \quad |x-x_0| > \frac{1}{\infty} \quad ; \quad x \neq x_0$$

Propietats

Algunes de les propietats de la delta de *Dirac* són les següents:

i) És una funció parell $\delta(x) = \delta(-x)$

ii) Si fem un canvi de variable, el canvi en la funció és el següent:

$$\delta(\alpha x) = \frac{1}{|\alpha|}\delta(x)$$

iii) Si la funció delta de *Dirac* te per argument una altra funció g(x) tal què s'anul·la en els punts x_j :

$$[g(x_j)=0]: \quad \delta(g(x)) = \begin{cases} \to \infty & g(x)=0 \\ \to 0 & g(x)\neq 0 \end{cases} \quad \to \delta(g(x)) = \frac{\sum_j \delta(x-x_j)}{|g'(x)|_{x=x_j}}$$

iv) Aquesta propietat, és la **més important**. Ens relaciona la integral de la "funció argument" en referència a la delta de *Dirac* amb la "funció argument" en el punt x_0 :

$$\int_{-\infty}^{+\infty} g(x)\delta(x-x_0)dx = \int_{-\infty}^{+\infty} g(x_0)\delta(x-x_0)dx = g(x_0)\int_{-\infty}^{+\infty}\delta(x-x_0) =$$

Electromagnetisme. Teoria clàssica

$$\int_{-\infty}^{+\infty} g(x)\delta(x-x_0)\,dx = g(x_0)$$

v) Aquesta darrera propietat és una combinació entre la propietat *i)* i la *iv)*:

$$\int_{-\infty}^{+\infty} \delta'(x-x_0)\,g(x)\,dx = -g'(x_0)$$

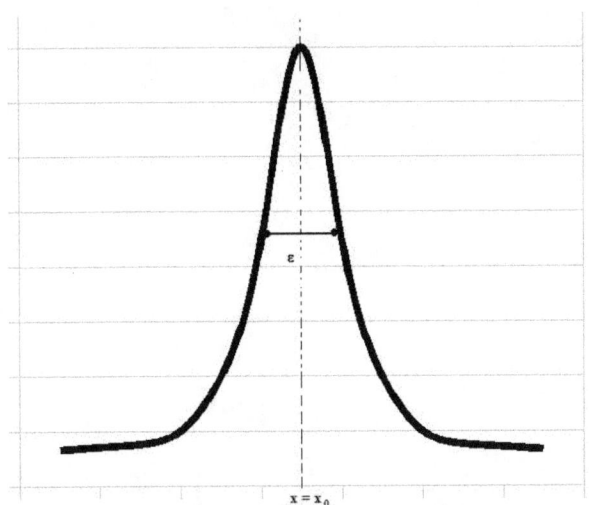

$$\lim_{\varepsilon \to 0} L(x-x_0) = \frac{\varepsilon}{(x-x_0)^2 + \varepsilon^2} \cdot \frac{1}{\pi} = \delta(x-x_0)$$ Ens defineix la família de corbes de ε

EX:

$$I = \lim_{\varepsilon \to 0} -\int_{-\infty}^{+\infty} \sin^3 x^3 \frac{\varepsilon}{\left(x-\sqrt[3]{\frac{\pi}{2}}\right)^2 + \varepsilon^2}\,dx = \int_{-\infty}^{+\infty} \sin^3 x^3\, \delta\left(x-\sqrt[3]{\frac{\pi}{2}}\right) dx =$$

$$= \sin^3\left(\frac{\pi}{2}\right) = 1 \quad .$$

Electromagnetisme. Teoria clàssica

A més a més tenim els relacionadors següents:

$$\delta(\vec{r}-\vec{r}_0) \equiv \delta^3(r-r_0) = \delta(x-x_0)\delta(y-y_0)\delta(z-z_0)$$

$$\int \delta(\vec{r}-\vec{r}_0)d^3r = \int_{-\infty}^{+\infty} \delta(x-x_0)dx \int_{-\infty}^{+\infty} \delta(y-y_0)dy \int_{-\infty}^{+\infty} \delta(z-z_0)dz$$

$$\int g(x,y,z)\delta(\vec{r}-\vec{r}_0)dV = g(\vec{r}_0) = g(x_0, y_0, z_0)$$

Electromagnetisme. Teoria clàssica

Electromagnetisme. Teoria clàssica

Electromagnetisme. Teoria clàssica

Tema 2.- Electrostàtica

Elèctric en el buit i en conductors

2.1. La càrrega elèctrica

Def: La càrrega elèctrica és una propietat fonamental i característica de les partícules elementals. La càrrega, **SEMPRE** es conserva.

La seva unitat de mesura és el *Coulomb*, que el definim com la quantitat de càrrega que passa en un segon per un fil pel què circula un corrent elèctric d'un Ampère d'intensitat. 1 C = 1 A · 1 s.

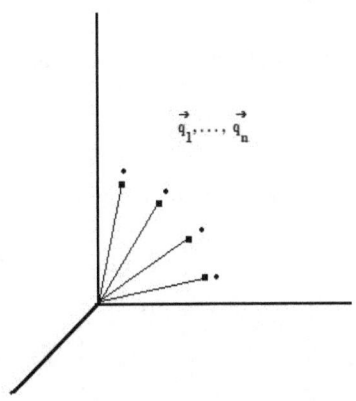

Figura 2.1 : Distribucions discretes de càrregues puntuals

Dades:

$$m_e = 9.1 \cdot 10^{-31} Kg$$

$$m_e c^2 = 0.5 \, MeV$$

$$q_e = 1.6 \cdot 10^{-19} C$$

$$r_e = 2.82 \cdot 10^{-15} m$$

$$\varepsilon_0 = 8.85 \cdot 10^{-12} \frac{C^2}{N \cdot m^2}$$

$$\mu_0 = 4\pi \cdot 10^{-7} \frac{N^2 \cdot S^2}{C^2}$$

Si combinem els dos darrers factors (que els definirem posteriorment i que la combinació s'estudiarà a l'apartat de les ones) obtenim:

$$\varepsilon_0 \mu_0 = \frac{1}{c^2} \quad c = 3 \cdot 10^8 \, m/s$$

Electromagnetisme. Teoria clàssica

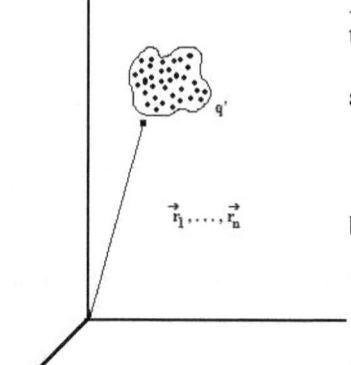

Figura 2.2. Distribucions contínues de càrrega

A les distribucions contínues de càrregues, tenim tres tipus:

a) Distribucions volúmiques:

$$dq' = \rho(\vec{r}\,')\,dV'$$

b) Distribucions superficials:

$$dq' = \sigma(\vec{r}\,')\,dS'$$

c) Distribucions linials:

$$dq' = \lambda(\vec{r}\,')\,dl'$$

Si fem una observació més àmplia i relacionant aquests paràmetres amb la delta de *Dirac*, obtenim:

$$\rho(\vec{r}\,') \to \infty$$
$$\vec{r} \neq \vec{r}_1, \rho(\vec{r}_1) = 0$$

$$\rho(\vec{r}) = q_1 \delta^3(\vec{r} - \vec{r}_1) \to \rho(\vec{r}) = \sum_i q_i \delta(\vec{r} - \vec{r}_i)$$

2.2. Llei de *Coulomb*

Def: La llei de *Coulomb*, expressa la interacció entre dues càrregues puntuals en repòs. Aleshores, a causa de la interacció, es crea una força de repulsió o atracció amb les càrregues i que, aquesta, és inversament proporcional al quadrat de la distància.

Si tenim q_1, q_2 a r_1, r_2 respectivament (**Figura 2.3**), obtenim la llei de *Coulomb*:

$$\boxed{F_{12} = \frac{q_2 K q_1 (\vec{r}_2 - \vec{r}_1)}{|\vec{r}_2 - \vec{r}_1|^2}}$$

Electromagnetisme. Teoria clàssica

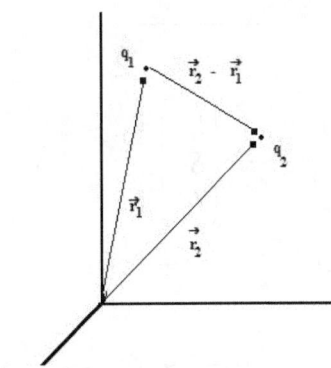

Figura 2.3

Propietats:

i) Compleix la llei de Newton:

$$\vec{F}_{12} = -\vec{F}_{21}$$

ii) El valor K de l'equació, és una constant elèctrica de valor:

$$K = \frac{1}{4\pi\varepsilon_0} \quad [\frac{N \cdot m^2}{C^2}]$$

iii) La constant K, sempre és una constant positiva. $K > 0$

iv) Segons la direccionalitat (el signe) de les forces (les càrregues), podem saber si la força d'interacció entre les càrregues és **atractiva** o **repulsiva**:

$$sign(q_1) = sign(q_2) \rightarrow \vec{F}_{12} \uparrow\uparrow (\vec{r}_2 - \vec{r}_1) \quad *Repulsiva*$$

$$sign(q_1) \neq sign(q_2) \rightarrow \vec{F}_{12} \downarrow\uparrow (\vec{r}_2 - \vec{r}_1) \quad *Atractiva*$$

Si treballem amb distribucions contínues de càrrega:

$$F_{q_2}(dq_1) = \rho(r_1) dF = q_2 \frac{1}{4\pi\varepsilon_0} \frac{\rho(r_1)(\vec{r}_2 - \vec{r}_1)}{|\vec{r}_2 - \vec{r}_1|^3} dV$$

$$F = q_2 \frac{1}{4\pi\varepsilon_0} \int_{V_1} \frac{\rho(r_1)(\vec{r}_2 - \vec{r}_1)}{|\vec{r}_2 - \vec{r}_1|^3} dV_1$$

tenint en compte que la distribució pot ser de tres tipus, la càrrega pot quedar definida: $q = \begin{bmatrix} \rho(r')dV' \\ \sigma(r')dS' \\ \lambda(r')dl' \end{bmatrix}$ Aleshores:

Electromagnetisme. Teoria clàssica

$$F = q\frac{1}{4\pi\varepsilon_0}\int_{\left\{\begin{array}{c}V'\\S'\\l'\end{array}\right\}}\frac{\left\{\begin{array}{c}\rho(r')\\ \sigma(r')\\ \lambda(r')\end{array}\right\}(\vec{r}-\vec{r}\,')}{|\vec{r}-\vec{r}\,'|^3}d\left\{\begin{array}{c}V'\\S'\\l'\end{array}\right\}$$

EX

$$q_1,\dots,q_n \qquad \vec{r}_1,\dots,\vec{r}_n \qquad \vec{F}=q\frac{1}{4\pi\varepsilon_0}\int_{V'}\frac{\rho(r')(\vec{r}-\vec{r}\,')}{|\vec{r}-\vec{r}\,'|^3}dV'$$

Però són distribucion discretes de càrregues: $\quad \rho(\vec{r}\,')=\sum_i q_i\delta(\vec{r}-\vec{r}_i)\quad$ (2.1)

Aleshores, si realitzem els canvis:

$$\vec{F}=q\frac{1}{4\pi\varepsilon_0}\int_\infty \frac{\sum_i q_i\delta(\vec{r}-\vec{r}_i)(\vec{r}-\vec{r}\,')}{|\vec{r}-\vec{r}\,'|^3}dV'=$$

$$=q\frac{1}{4\pi\varepsilon_0}\sum_i q_i\int_\infty \delta(\vec{r}-\vec{r}_i)\frac{(\vec{r}-\vec{r}\,')}{|\vec{r}-\vec{r}\,'|^3}dV'=q\frac{1}{4\pi\varepsilon_0}\sum_i q_i\frac{\vec{r}-\vec{r}\,'}{|\vec{r}-\vec{r}_i\,'|}$$

Si ara posem com exemple el cas d'una closca:

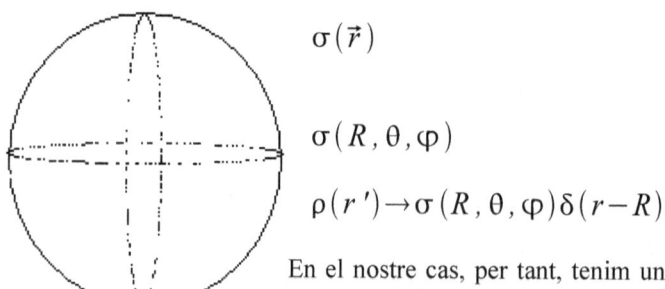

$\sigma(\vec{r})$

$\sigma(R,\theta,\varphi)$

$\rho(r')\to\sigma(R,\theta,\varphi)\delta(r-R)$

En el nostre cas, per tant, tenim una distribució de càrrega contínua superficial, que la llei de *Coulomb*, vindrà donada per la següent expressió:

Electromagnetisme. Teoria clàssica

$$\vec{F} = q \frac{1}{4\pi\varepsilon_0} \int_\infty \frac{\sigma(r')(\vec{r}-\vec{r}\,')}{|\vec{r}-\vec{r}\,'|^3} dS' \quad ;\text{ aleshores podem trobar el valor de la}$$

càrrega Q:

$$Q = \int_S \rho(r') dV' = \int \sigma(r',\theta,\varphi)\delta(r'-R) dV =$$
$$= \int \sigma(r',\theta,\varphi)\delta(r'-R) r'^2 \sin\theta\, d\theta\, d\varphi\, dr \int \sin\theta\, d\theta\, d\varphi$$
$$\int_0^\infty \sigma(r',\theta,\varphi) r'^2 \delta(r-R) dr = \int \sigma(R,\theta,\varphi) R^2 \sin\theta\, d\theta\, d\varphi =$$
$$= \int \sigma(R,\theta,\varphi) dS = \alpha$$

2.3. Camp elèctric: Divergència i rotacional.

Def: el camp elèctric E, el definim com la força per unitat de càrrega. Seguint la llei de *Coulomb*, el camp elèctric es pot escriure com:

$$E_1(r_2) = q_1 \frac{1}{4\pi\varepsilon_0} \frac{r_2-r_1}{|r_2-r_1|^3}$$

A una distribució volúmica arbitrària de càrrega, s'utilitza el principi de superposició i obtenim:

$$F = \int_V \rho(r) E(r) dV \quad \rightarrow \quad E(\vec{r}) = \lim_{q\to 0} \frac{F_q}{q}$$

$$\boxed{E(\vec{r}) = \frac{1}{4\pi\varepsilon_0} \int_V \rho(r') \frac{(\vec{r}-\vec{r}\,')}{|r-r'|^3} dV'}$$

52

Electromagnetisme. Teoria clàssica

El camp elèctric en condicions estàtiques, és un camp vectorial que a cada punt de l'espai, se li fa correspondre un vector. Per aquest motiu, és una propietat local del sistema electrostàtic. Aquesta propietat local, ve definida per unes equacions diferencials que permeten establir la llei d'evolució espai-temporal de la variable o variables que la defineixen.

La primera equació diferencial, la representem amb la **divergència del camp E**:

$$\nabla \cdot E = \frac{\rho}{\varepsilon_0}$$

1a equació de Maxwell

2.3.1. Llei de *Gauss*

La llei de *Gauss*, ens determina la divergència del camp *E* que acabem de presentar. Per tant, enunciarem i demostrarem el teorema de *Gauss* comentant les conseqüències que te i el seu grau de validesa. Finalment el presentarem per un sistema de distribució de càrrega contínua per arribar a la conclusió de la divergència del camp elèctric i, com hem anotat; **la primera equació de Maxwell**.

Llei de *Gauss*: " Sigui **S** una superfície qualsevol, tancada per un volum **V** i amb una càrrega interna Q_{int} complex:

$$\oint_S \vec{E} \, \vec{n} \, dS = \frac{Q_{int}}{\varepsilon_0}$$

Demostració:

$$\vec{E} = \sum_{i=1}^{N} \frac{1}{4\pi\varepsilon_0} \frac{q_i(\vec{r}_i - \vec{r}\,'_i)}{|r_i - r\,'_i|^3} \rightarrow \oint_S \vec{E} \, \vec{n} \, dS = \frac{1}{4\pi\varepsilon_0} \sum_{i=1}^{N} q_i \oint_S \frac{\vec{n} \, dS (\vec{r}_i - \vec{r}\,'_i)}{|r_i - r\,'_i|^3}$$

Per tant, ara només ens cal avaluar el camp tant a dins com a fora de la nostra superfície per trobar i avaluar el valor de la integral.

Electromagnetisme. Teoria clàssica

Avaluem:

1) **Càrrega q_i dins del nostre volum V**

Aleshores per geometria tenim: $\dfrac{\vec{n}\,dS\,(\vec{r}_i - \vec{r}\,'_i)}{|r_i - r\,'_i|^3} = \dfrac{dS\,\vec{n}\cos\theta}{|r_i - r\,'_i|^3} = d\Omega$ Coincideix amb l'angle sòlid. Ara agafem una esfera de radi R_0 tal què aquest radi sigui més petit que el radi de la nostra superfície S; aleshores, l'angle sòlid és el mateix per ambdues superfícies (S i S_0) i, per tant, el valor de la integral és el mateix per ambdues. Això és útil perquè ens és més fàcil i còmode treballar amb una esfera centrada a la càrrega:

$$\oint_S \frac{\vec{n}\,dS\,(\vec{r}_i - \vec{r}\,'_i)}{|r_i - r\,'_i|^3} = \oint_{S_0} \frac{\vec{n}\,dS_0}{R_0^2} = \frac{1}{R_0^2}\oint_{S_0} \vec{n}\,dS_0 = \frac{1}{R_0^2} 4\pi R_0^2 = 4\pi \rightarrow$$

$$\oint_S \vec{E}\,\vec{n}\,dS = \frac{Q_{int}}{\varepsilon_0}$$

2) **Càrrega q_i fora del nostre volum V**

En aquest cas, interceptem la superfície en dos punts per qualsevol angle sòlid que tinguem. L'angle sòlid és el mateix, però la contribució dels diferencials d'àrea a la integral de camp elèctric és zero. Aleshores tenim $\oint_S \vec{E}\,\vec{n}\,dS = 0$.

Per tant, només tenim contribució de les càrregues interiors:

$$\boxed{\oint_S \vec{E}\,\vec{n}\,dS = \frac{Q_{int}}{\varepsilon_0}}$$

Amb això hem demostrat la llei de *Gauss*. Anem a estudiar les seves **conseqüències**:

i) *La integral del camp al llarg de la superfície S no depèn de la distribució de les càrregues.*

ii) *Les càrregues exteriors a S no influeixen a la integral del camp, però* **si** *al camp elèctric.*

Electromagnetisme. Teoria clàssica

La llei de *Gauss* sempre és vàlida per a condicions d'electrostàtica i per a qualsevol superfície. A més a més, si te molta simetria podem conèixer el valor del propi camp.

Si ara tenim una distribució de càrrega contínua $Q_{int} = \int_V \rho \, dV \rightarrow \oint_S \vec{E} \vec{n} \, dS =$

$= \oint_V \nabla \cdot \vec{E} \, dV$; aleshores, per similitud $\dfrac{Q_{int}}{\varepsilon_0} = \dfrac{1}{\varepsilon_0} \int_V \rho \, dV$ per tant, per qualsevol volum: $\boxed{\oint_V \nabla \cdot \vec{E} \, dV = \dfrac{1}{\varepsilon_0} \int_V \rho \, dV}$.

I la única manera que això es compleixi serà: $\nabla \cdot E = \dfrac{\rho}{\varepsilon_0}$ amb el què demostrem la divergència del camp elèctric i la primera equació de *Maxwell*.

Si a la divergència de E fem servir el terme de l'equació (2.1), obtenim:

$$\nabla \cdot E = \dfrac{q}{\varepsilon_0} \cdot \delta(\vec{r} - \vec{r}_q)$$

Enunciarem breument el **Principi de superposició** per a electrostàtica:

a) $A_1 \rightarrow B_1$
    $A_2 \rightarrow B_2$

    $A_1 + A_2 \rightarrow B_1 + B_2$

b) $\rho_1 \rightarrow E_1$
    $\rho_2 \rightarrow E_2$

    $\rho_1 + \rho_2 \rightarrow E_1 + E_2$

!! Això es compleix quan la causa és <u>linial</u>.

Propietats: Camp elèctric:

i)   *Compleix el principi de superposició*
ii)   *És conservatiu* $(E = -\nabla \phi)$
iii) $\nabla \cdot E = \dfrac{\rho}{\varepsilon_0}$
iv) $|r - r'|^{-2} \rightarrow R^{-2}$

Electromagnetisme. Teoria clàssica

Per demostrar la segona propietat *(ii)* hem de recórrer a la segona equació diferencial que definíem per les propietats locals. La primera treballavem amb la divergència, trobant així una equació de *Maxwell*. Ara treballarem amb la segona, representada pel **rotacional**:

$$\nabla \wedge \vec{E} = 0$$

Només funciona a electrostàtica!

La següent equació que s'ha de presentar és la del treball:

$$W = \int \vec{F} \, d\vec{r}$$

☀ Per entendre el flux o el sentit... *"Diners al banc: si entren creix, si surt disminueix"*.

Per tant, si demostrem la propietat *ii)*:

- $\nabla \wedge \vec{E} = 0$
- $q \int_{1}^{2} F \, d\vec{r} = q \phi(\vec{r}_1) - q \phi(\vec{r}_2)$
- $\dfrac{\vec{r} - \vec{r}\,'}{|r - r\,'|^3} = -\nabla \dfrac{1}{|r - r\,'|}$

Sabent aquests tres aspectes:

$$\vec{E}(\vec{r}) = \frac{-1}{4\pi\varepsilon_0} \int \rho(r\,') \nabla \frac{1}{|r-r\,'|} dV' = -\nabla \frac{1}{4\pi\varepsilon_0} \int \frac{\rho(r\,')}{|r-r\,'|} dV'$$

Aleshores:

$$\phi(\vec{r}) = \frac{1}{4\pi\varepsilon_0} \int \frac{\rho(r\,')}{|r-r\,'|} dV'$$

POTENCIAL ELÈCTRIC
"Només depèn de r"

2.4. Potencial elèctric: Equacions de *Poisson* i *Laplace*

El potencial elèctric, com hem pogut observar, només depèn de r. La seva unitat de mesura són els V i, en conseqüència, el camp elèctric és pot mesurar com a [V/m].

A continuació veurem alguns exemples abans no comencem amb les equacions de *Poisson* i *Laplace*.

EX

1. Potencial creat per una càrrega puntual

$$\rho(\vec{r}) = q\delta(\vec{r}-\vec{r}_q) \rightarrow \phi(\vec{r}) = \frac{1}{4\pi\varepsilon_0}\int \frac{q\delta(\vec{r}-\vec{r}_q)}{|\vec{r}-\vec{r}\,'|}dV' =$$

$$\frac{q}{4\pi\varepsilon_0}\int f(\vec{r})\delta(\vec{r}-\vec{r}_q) = \boxed{\phi(\vec{r}) = \frac{q}{4\pi\varepsilon_0}\cdot\frac{1}{|\vec{r}-\vec{r}_q|}}$$

2. Energia potencial entre dos punts (r_1, r_2)

$$dW = (q\cdot E)d\vec{r} \rightarrow \int_{\vec{r}_1}^{\vec{r}_2}dW = q\int_{\vec{r}_1}^{\vec{r}_2}\vec{E}\,d\vec{r} = -q\int_{\vec{r}_1}^{\vec{r}_2}\nabla\phi\,dr =$$
$$= -q\int_{\vec{r}_1}^{\vec{r}_2}d\phi = q(\phi(\vec{r}_1)-\phi(\vec{r}_2)) \rightarrow W(r_1) - W(r_2) =$$
$$= q\phi(\vec{r}_1) - q\phi(\vec{r}_2)$$

3. Energia potencial en un punt r_1

$$\int_{\infty}^{\vec{r}_1}dW = W(\vec{r}_1) = q\phi(\vec{r}_1)$$

4. Energia <u>extrema</u> necessària per transportar r_1 a ∞

$$\int_{r_1}^{\vec{r}_\infty}dW = \int_{\vec{r}_1}^{\vec{r}_\infty}\vec{E}\,d\vec{r} = W(r_1) = q\phi(\vec{r}_1)$$

- **Al ser un camp conservatiu, podem fer:**

$$\boxed{\oint q \cdot \vec{E}\, d\vec{r} = 0}$$

EX

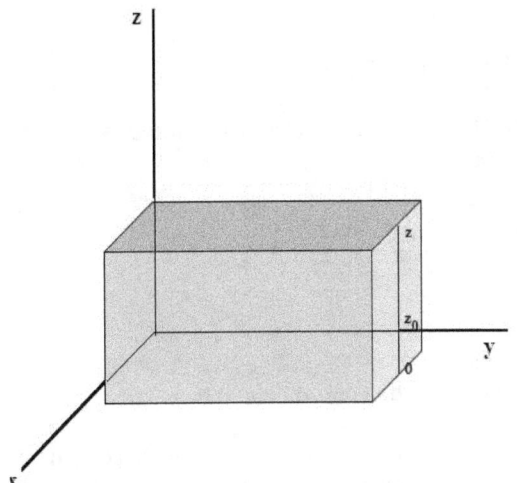

Figura 2.4. Superfície de la taula.

Unes dades importants a tenir en compte són les que fan referència a la delta de Dirac.

$$\delta_1(z') = 0$$

$$|z'| > \frac{1}{2|z_0|}$$

$$\int_{\frac{-1}{2z_0}}^{\frac{1}{2z_0}} g_1(z)\, dz = 1$$

$$\int_{-\infty}^{\infty} g_1(z')\, dz' = 1$$

Aleshores, si realitzem els càlculs:

$$Q = \int \sigma(x', y')\, dS' = \int \rho_1(\vec{r})\, dV'$$

$$g_1(z') = \frac{1}{|z_0|} \qquad |z'| \leq \frac{1}{2|z_0|}$$

$$Q = \int \sigma(x', y')\, dx'\, dy' = \int g_1(z')\, dz =$$

$$= \int_V \sigma(x', y')\, g_1(z')\, dx'\, dy'\, dz'$$

Electromagnetisme. Teoria clàssica

$$Q=\int \sigma(x',y')g_2(z')dV'=\int \rho_2(\vec{r})dV'$$

Per tant, podríem anar fent fins arribar a:

$$Q=\int \sigma(x',y')g_n(z')dx'dy'dz'=\int \rho_n(\vec{r})dV'$$

En què com havíem vist a la delta de *Dirac*, tindríem:

$$\int \sigma(x',y')\delta(z')dV'=\int \rho(\vec{r}')dV'$$

Aleshores obtenim que **la distribució volúmica de càrrega, quan el volum és ínfim i les càrregues finites, és <u>infinit.</u>**

$$\boxed{\rho(\vec{r}')=\sigma(x',y')\delta(z')}$$

2.4.1. Equilibri electrostàtic.

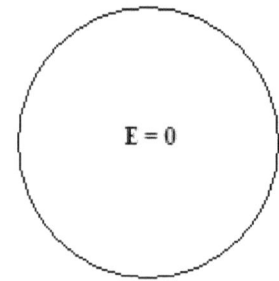

Def: L'equilibri electrostàtic és allà on existeixen càrregues que s'han deixat de moure.

Def: Definim un material o un sistema **conductor** quan les càrregues es mouen lliurement.

Un conductor en equilibri electrostàtic ha de complir les següents condicions:

i) $E_{int}=0$
ii) $\phi(\vec{r})=cnt \quad \forall \ r \in S$
iii)   La superfície del conductor $\phi(S)=cnt$
iv) $\nabla \phi \perp S \rightarrow \nabla \phi \| \vec{n}=\dfrac{d\vec{S}}{dS}$

"Totes aquestes propietats, venen donades quan el sistema resta amb neutralitat."

Aleshores, si afegim càrregues, només podem tenir-ne a la superfície exterior (distribució superficial) i, per tant, la superfície és **equipotencial**.

$q \neq 0 \ \rightarrow \ \rho=0 \ ; \quad \text{i tenim} \quad \sigma(\vec{r}) \neq 0$

Per tant, podem aplicar el teorema de Gauss a una superfície *gaussiana*:

$$E \Delta S = \frac{\sigma \Delta S}{\varepsilon_0} \quad \rightarrow \quad \vec{E} = \frac{\sigma}{\varepsilon_0} \vec{e}_n$$ *"Ens diu que allà on hi hagi una distribució de càrregues procedent d'ella mateixa o de la quantitat afegida:*

$$\boxed{\sigma = \varepsilon_0 \vec{E} \cdot \vec{n}} \quad \text{o també} \quad \sigma = -\varepsilon_0 \nabla \phi \cdot \vec{n}$$

El camp elèctric de qualsevol punt de l'espai, depèn del camp elèctric de la superfície. Això ho demostrarem amb els exemples que presentem a continuació:

$$\vec{E}(\vec{r}) = \frac{1}{4\pi\varepsilon_0} \int \frac{\sigma(r')(\vec{r}-\vec{r}')}{|r-r'|^3} dS' = \frac{1}{4\pi} = \int \frac{\vec{E}(r')\vec{n}}{|r-r'|^3} (\vec{r}-\vec{r}') dS' =$$

Si fem servir la propietat: $\dfrac{\vec{r}-\vec{r}'}{|r-r'|^3} = -\nabla \dfrac{1}{|r-r'|}$

$$= -\frac{1}{4\pi} \int |\vec{E}(\vec{r}')| \nabla \frac{1}{|r-r'|} dS' = -\nabla \left(\frac{1}{4\pi} \int \frac{|\vec{E}(\vec{r}')|}{|r-r'|} dS' \right) = \vec{E}(\vec{r})$$

Aleshores observem:

$$\boxed{\phi(\vec{r}) = \frac{1}{4\pi} \int \frac{|\vec{E}(\vec{r}')|}{|r-r'|} dS'}$$

Si ara agafem una **superfície qualsevol (no simètrica),** en què tenim dues zones destacades i a la zona 1 no hi han càrregues aleshores:

1. El camp elèctric a l'interior és zero i el potencial elèctric és constant. (**)

$$\phi(\vec{r}) = cnt = C \quad \forall r \in V_1, \quad \phi(S) = cnt = C \quad \forall r \in S_1$$

"Si possem una càrrega a l'interior de **1**, el camp elèctric serà diferent de zero però a **2. E = 0** per equilibri. Aleshores es redistribuiràn les càrregues i

$$\sum E = 0 \quad "$$

Electromagnetisme. Teoria clàssica

2.4.2. Equació de *Poisson*. Equació de *Laplace*.

Si agafem la primera equació de *Maxwell* i la barregem amb la que ens relaciona el camp i el potencial elèctric:

$$\nabla \cdot \vec{E} = \frac{\rho}{\varepsilon_0} \qquad E = -\nabla \phi$$

Aleshores a simple vista obtenim: (*dic a simple vista perquè la demo no és tan fàcil!*)

$$\nabla \cdot (-\nabla \phi) = \frac{\rho}{\varepsilon_0} \rightarrow \nabla \cdot \nabla \phi = -\frac{\rho}{\varepsilon_0} \quad \text{i aleshores obtenim:}$$

$$\boxed{\nabla^2 \phi = -\frac{\rho}{\varepsilon_0}} \quad \underline{\text{Equació de Poisson}}$$

A més a més, si la densitat de càrrega $\rho = 0$, *Laplace*, anys després, va presentar la següent equació (**):

$$\boxed{\nabla^2 \phi = 0} \quad \underline{\text{Equació de Laplace}}$$

Una conseqüència de l'equació de *Laplace*, és la inexistència de l'equilibri estable dins l'electrostàtica; ja que per fer-ho, cal un mínim en el potencial que impliqui un mínim d'energia potencial.

No obstant això, quan es té un mínim en una funció, les seves derivades segones han de ser negatives i, per tant, l'equació de *Laplace* aniria en contra ja que $\nabla^2 \phi \neq 0$ segons els mínims.

Abans de seguir però, continuarem amb l'exemple de la pàgina anterior d'una superfície qualsevol (no simètrica):

Si introduim l'equació de *Poisson*: $\nabla^2 \phi = -\dfrac{\rho}{\varepsilon_0}$

$\nabla^2 \phi(\vec{r}) = 0$ Aleshores han de complir-les i per unicitat només E pot ser
$\phi(S) = C$ nul·la.

Electromagnetisme. Teoria clàssica

"Un altre camí és exigir que $E \neq 0$ i arribar, per superfícies equipotencials i teorema de *Gauss*, que les càrregues no són nul·les $q \neq 0$ i això que havíem dit que $q = 0$!!!"

- **Ressolució de l'equació de *Poisson*. Mètode de les imatges**

<u>Def</u>: El mètode de les imatges és un mètode especial per a determinar la solució de l'equació de *Poisson* i que no exigeix la solució d'equacions diferencials en derivades parcials.

Si considerem una distribució de càrregues dins d'un volum i coneixem les condicions de frontera en les superfícies que el limiten, a l'hora de determinar el potencial en l'espai en què estan les distribucions de càrrega; podem substituir les superfícies per càrregues externes al volum definit amb anterioritat, sempre que es compleixin les mateixes condicions de contorn, és a dir, que el potencial o el camp en els punts en què estaven les superfícies sigui el mateix.

Evidentment, la solució només servirà pels punts dins del volum i les càrregues que mantenen les mateixes condicions de contorn quan es treuen les superfícies, s'anomenen **càrregues imatge**.

Fem la ressolució de l'equació de *Poisson* utilitzant el mètode de les imatges:

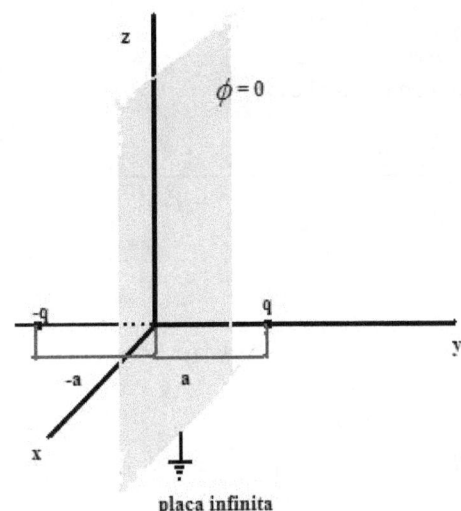

Figura 2.4. Mètode de les imatges per una placa infinita en que avaluem una càrrega puntual situada a l'eix *y*.

$$\vec{r} = (x, y \geq 0, z)$$

$$\nabla^2 \phi = \frac{-q}{\varepsilon_0} \delta(\vec{r} - \vec{r}_q)$$

$$\phi(S) = 0$$

$$\phi(r) = \frac{q}{4\pi\varepsilon_0} \left(\frac{1}{|\vec{r} - \vec{r}_q|} - \frac{1}{|\vec{r} - \vec{r}_q'|} \right)$$

Electromagnetisme. Teoria clàssica

$$\sigma^2\left(\frac{q}{4\pi\varepsilon_0}-\frac{1}{|\vec{r}-\vec{r}_q|}\right)=\frac{-q}{\varepsilon_0}\delta(\vec{r}-\vec{r}_q) \quad ; \quad \sigma^2\frac{1}{|\vec{r}-\vec{r}_q|}=-4\pi\,\delta(\vec{r}-\vec{r}_q)$$

$$\nabla^2\phi(\vec{r})=\frac{1}{4\pi\varepsilon_0}\left(\sigma^2\frac{1}{|\vec{r}-\vec{r}_q|}-\sigma^2\frac{1}{|\vec{r}-\vec{r}_{-q}|}\right) \quad \rightarrow \quad \phi(S)=0$$

$$\vec{E}(\vec{r})=\frac{q}{4\pi\varepsilon_0}\left(\frac{\vec{r}-\vec{r}_q}{|\vec{r}-\vec{r}_q|^3}-\frac{\vec{r}-\vec{r}_q}{|\vec{r}-\vec{r}_{-q}|^3}\right) \quad ; \quad \sigma=+\varepsilon_0\vec{E}_n=+\varepsilon_0\vec{E}\vec{n}$$

Abans de continuar amb els càlculs, anem a definit tots els paràmetres de la **Figura 2.4**.

$\vec{r}=(x,0,z)$ $\vec{r}-\vec{r}_q=(x,-a,z)$ $|\vec{r}-\vec{r}_q|=(r^2+a^2)^{1/2}$

$\vec{r}_q=(0,a,0)$ $\vec{r}-\vec{r}_{-q}=(x,a,z)$ $|\vec{r}-\vec{r}_{-q}|=(r^2+a^2)^{1/2}$

$\vec{r}-q=(0,-a,0)$ $\vec{n}=(0,1,0)$ $r^2=x^2+y^2$

$\vec{r}=(x,0,z)$ $\vec{r}-\vec{r}_q=(x,-a,z)$ $|\vec{r}-\vec{r}_q|=(r^2+a^2)^{1/2}$

$(\vec{r}-\vec{r}_q)\vec{n}=-a$ $(\vec{r}-\vec{r}_{-q})=a$

Un cop definits els paràmetres, ja podem començar el càlcul:

$$\sigma=+\varepsilon_0\left(\frac{-a}{(r^2+a^2)^{3/2}}-\frac{a}{(r^2+a^2)^{3/2}}\right)\frac{q}{4\pi\varepsilon_0}=\frac{-qa}{2\pi}\frac{1}{(r^2+a^2)^{3/2}}$$

per tant:

$$Q=\int\sigma(r')\,dS'=\frac{-qa}{2\pi}\int_0^\infty\frac{1}{(r^2+a^2)^{3/2}}2\pi\,r'\,dr'=$$

$$=-qa\left(-\frac{1}{(r^2+a^2)^{1/2}}\right)_0^\infty=\frac{-qa}{(r^2+a^2)^{1/2}}\bigg|_{r=0}=-q$$

$$\phi(r)=\frac{q_1}{4\pi\varepsilon_0}\left(\frac{1}{|\vec{r}-\vec{r}_1|}-\frac{1}{|\vec{r}-\vec{r}_{-1}|}\right)+\frac{q_2}{4\pi\varepsilon_0}\left(\frac{1}{|\vec{r}-\vec{r}_2|}-\frac{1}{|\vec{r}-\vec{r}_{-2}|}\right)$$

Aleshores el potencial elèctric total, si representem la càrrega per unitat de volum:

$$\phi(\vec{r})=\frac{1}{4\pi\varepsilon_0}\left(\int_{V'}\frac{\rho(r')dV'}{|\vec{r}-\vec{r}'|}+\int_{V'}\frac{-\rho(r')dV'}{|\vec{r}-\vec{r}'_{\_}|}\right)$$

*

2.5. Energia electrostàtica

Def: Si tenim present el rotacional del camp E, si s'aplica el teorema de *Stokes* al cas del camp elèctric, s'obté que la circulació d'aquest camp, $\oint E\cdot dl$, és zero per a qualsevol línia tancada. Com el treball que excerceix una força conservativa, no depèn de la trajectòria que es defineix entre dos punts; es pot definir una funció *energia potencial*, com el treball necessari per anar d'un punt a un altre, agafant com a referència l'infinit en el potencial inicial, podem formular:

$$W(\vec{r})=-\int_{\infty}^{\vec{r}}\vec{F}\,d\vec{r}$$

Això serà l'energia potencial (en el cas d'**energia electrostàtica**) :

$$W(\vec{r})=-q\int_{\infty}^{\vec{r}}\vec{E}\,d\vec{r}$$

Si continuem treballant l'equació obtenim:

$$=-q\int_{\infty}^{r}(-\nabla\phi)dr=q\phi(r)-\phi(\infty)=q\phi(\vec{r})$$

Quina quantitat d'energia necessitem per formar un sistema electrostàtic?

$q_1,\ldots,q_n$ $\quad\quad\vec{r}_1,\ldots,\vec{r}_n$

- Per posar la primera càrrega l'energia que necessitem és zero, ja que encara no hi ha camp elèctric.

Electromagnetisme. Teoria clàssica

$$q_1 \to W_1 = 0 \quad ; \quad q_2 \to W_2 = -q_2 \int_\infty^{\vec{r}_2} \frac{q_1}{4\pi\varepsilon_0} \frac{(\vec{r}-\vec{r}_1)}{|r-r_1|^3} d\vec{r}$$

$$W_2 = -q_2 \int_\infty^{\vec{r}_2} \frac{q_1}{4\pi\varepsilon_0} \frac{(\vec{r}-\vec{r}_1)}{|r-r_1|^3} d(\vec{r}-\vec{r}_1) = *$$

Definim:

$$(\vec{r}-\vec{r}_1)\cdot d(\vec{r}-\vec{r}_1) = |\vec{r}-\vec{r}_1|\cdot|d(\vec{r}-\vec{r}_1)| = |\vec{r}-\vec{r}_1|\cdot d|\vec{r}-\vec{r}_1|$$

$$* = W_2 = -q_2 \int_\infty^{\vec{r}_2} \frac{q_1}{4\pi\varepsilon_0} d\frac{|\vec{r}-\vec{r}_1|}{|r-r_1|^2} = \frac{-q_2 q_1}{4\pi\varepsilon_0}\left(\frac{-1}{|r-r_1|}\right)\Big|_\infty^{\vec{r}_2} =$$

$$\frac{q_2 q_1}{4\pi\varepsilon_0}\frac{1}{|r_2-r_1|} = (q_1 q_2) \quad \text{Equació d'interacció entre } q_1 \text{ i } q_2$$

$$W_2 = \frac{1}{2}[(q_1 q_2)+(q_2 q_1)] \quad \text{per tant tenim que} \quad W = W_1 + W_2$$

$$W_2 = \frac{1}{2}(q_1 \phi_1(\vec{r}_1)+q_2 \phi_2(\vec{r}_2))$$

per a q_3 tindrem:

$$W_3 = \frac{1}{2}[(q_1 q_3)+(q_2 q_3)+(q_3 q_1)+(q_3 q_2)]$$

$$W_3 = \frac{1}{2}(q_1 \phi_1(\vec{r}_1)+q_2 \phi_2(\vec{r}_2)+q_3 \phi_3(\vec{r}_3)+q_3 \phi_2(\vec{r}))$$

Aleshores per una q_n obtindrem:

$$W_n = \frac{1}{2}\sum_i \sum_{j\neq i} \frac{q_i q_j}{4\pi\varepsilon_0}\frac{1}{|\vec{r}_i-\vec{r}_j|} = \frac{1}{2}\sum_i q_i \phi_i(\vec{r})$$

Electromagnetisme. Teoria clàssica

Amb distribucions volúmiques de càrrega tindríem:

$$\boxed{W = \frac{1}{2}\int_{V'} \rho(\vec{r}\,')\phi(\vec{r}\,')dV' \leftrightarrow W = \frac{1}{2}\int_{\infty}\rho(\vec{r}\,')\phi(\vec{r}\,')dV'}$$

Tot va en funció de les causes. Tot i així, donen el mateix resultat perquè, encara que ho extenguem a l'infinit, fora del radi de la superfície volúmica no hi ha càrrega, per tant $\rho(r) = 0(\infty)_{r'>r}$

Si ara treballem amb la primera equació de *Maxwell*, amb la divergència del camp E:

$$W = \frac{1}{2}\int_{V'}\varepsilon_0\phi(r')\nabla'E(\vec{r})dV' = \frac{\varepsilon_0}{2}\int_{V'}\nabla'[\phi(\vec{r}\,')\vec{E}(\vec{r}\,')]dV' -$$

$$-\frac{\varepsilon_0}{2}\int_{V'}\vec{E}(\vec{r}\,')\nabla'\phi(\vec{r}\,')dV' \quad \text{(Per les propietats de la divergència)}$$

Definirem:

$$\phi \alpha \frac{1}{R} \;;\; E_\alpha \frac{1}{R^2} \to \int \alpha \frac{1}{R^2} \to \quad a \quad \infty \to 0 \;;\; u = \frac{d\vec{S}}{dS},$$

Si continuem amb el treball realitzat tindrem:

$$\left\{ W = \frac{\varepsilon_0}{2}\int_{S'(V')}\phi(\vec{r}\,')\vec{E}(\vec{r}\,')\vec{u}\,dS' + \frac{\varepsilon_0}{2}\int_{V'}E^2(\vec{r}\,')dV' \right\}$$

en funció dels efectes.

$$W = \frac{\varepsilon_0}{2}\int_\infty E^2(\vec{r})dV' \quad \text{\{causa = efecte\}}$$

$$\boxed{W = \frac{\varepsilon_0}{2}\int_{\infty-V'}E^2(\vec{r})dV' = \frac{\varepsilon_0}{2}\int_{\tilde{S}(V')}\phi(r')\vec{E}(r')u\,d\vec{S}}$$

Electromagnetisme. Teoria clàssica

Electromagnetisme. Teoria clàssica

Tema 3.- Electrostàtica en medis materials

Al tema 2 hem estudiat el camp elèctric creat per càrregues al buit o en conductors. Ens hem relacionat amb les equacions locals del camp i del potencial elèctric; però això esdevé complicat en materials no conductors. Això no és problema, doncs qualsevol medi és un conjunt d'àtoms formats per neutrons, protons i electrons. Els neutrons al no tenir càrrega, el camp elèctric total del material, tenint en compte el principi de superposició, serà la suma dels camps creats pels protons i pels electrons del medi.
Tot i així, a la pràctica això es complica, ja que encara que sigui en estat líquid, sòlid o gasòs, pot haver-hi l'ordre de 10^{25} partícules carregades.

Per a realitzar aquestes operacions, caldrà definir abans d'una manera molt simple les escales que treballarem: (*A "Termodinàmica i Mecànica estadística" ho treballarem amb més deteniment*)

- **Camp macroscòpic:** escala intermitja " 10^{-18} "
- **Camp microscòpic:** escala atòmica " 10^{-30} "

El càlcul aproximat del camp elèctric i el potencial elèctric generats pel propi material, tant a l'interior com a l'exterior, els veurem a continuació amb les dues escales, amb la determinació i estudi d'aquests.

3.1. Desenvolupament multipolar

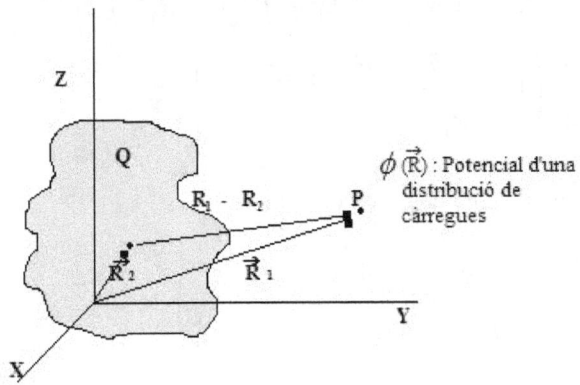

A continuació estudiarem el camp a una gran distància del volum on existeix la densitat de càrrega. (*Figura 3.1*)

$Q = 0$

$Q \neq 0$

Electromagnetisme. Teoria clàssica

Ara anirem a trobar els paràmetres de $\phi(R)$:

$$\phi(R_1)=\frac{1}{4\pi\varepsilon_0}\int\frac{\rho(\vec{R})}{(\vec{R}_1-\vec{R}_2)}dV' \quad ; \quad \text{com} \quad \vec{R}_1 \ggggggg \vec{R}_2 :$$

$$\frac{1}{|R_1-R_2|}=\frac{1}{(R_1^2+R_2^2-2R_1R_2)^{1/2}}=\frac{1}{R_1}\left(1-\left(\frac{\vec{R}_2}{\vec{R}_1}\right)^2-2\frac{\vec{R}_1\vec{R}_2}{\vec{R}_1^2}\right)^{-1/2}$$

Si fem *Taylor* : $f(x)=f(0)+f'(0)x+\frac{f''(0)x^2}{2!}+...$ en què els termes tenen per valor:

$$f(0)=1 \quad f'(0)x=-\frac{1}{2}(1+x)^{-1/2} \quad f''(0)x^2=-\frac{1}{2}\cdot\frac{3}{4}$$

Per tant $f(x)=1+-\frac{1}{2}x+\frac{3}{8}x^2+...$

Continuem ara amb el càlcul del potencial mitjançant el desenvolupament de Taylor:

$$\phi(R_1)=\frac{1}{r}\left(1+\frac{\vec{R}_1\vec{R}_2}{\vec{R}_1^2}+\left(\frac{R_2}{R_1}\right)^2+\frac{3}{8}\left(\left(\frac{R_2}{R_1}\right)^2-\left(2\frac{\vec{R}_1\vec{R}_2}{\vec{R}_1^2}\right)^2\right)\right)=$$

$$=\frac{1}{R_1}\left(1+\frac{\vec{R}_1\vec{R}_2}{\vec{R}_1^2}+\frac{R_2^2}{R_1^2}+\frac{3}{2}\frac{R_2^2}{R_1^4}+...\right)$$

Com que un $(\vec{R}_2)$ és molt petit que l'altre; obtenim:

$$\approx\frac{1}{r}\left(1+\frac{\vec{R}_1\vec{R}_2}{\vec{R}_1^2}+\frac{3}{2}\frac{(\vec{R}_1+\vec{R}_2)^2}{R_1^4}-\frac{R_2^2}{2R_1^2}\right)$$

Per tant el que tenim per a potencial és:

Electromagnetisme. Teoria clàssica

$$\phi(\vec{R}_1) = \frac{1}{4\pi\varepsilon_0} \int \rho(\vec{R}_2) \left\{ \frac{1}{R_1} + \frac{\vec{R}_1 \vec{R}_2}{R_1^2} + \frac{1}{2}\left(\frac{3(R_1 R_2)^2}{R_1^5} - \frac{R_2^2}{R_1^3}\right) \right\} dV'$$

Aquesta relació és veritat només quan $|R_1| \ggggg |R_2|$

$$\phi(\vec{R}_1) = \frac{1}{4\pi\varepsilon_0} \int \rho(\vec{R}_2) dV' + \frac{1}{4\pi\varepsilon_0} \int \rho(\vec{R}_2)(\vec{R}_1 - \vec{R}_2) dV' +$$
$$+ \frac{1}{4\pi\varepsilon_0} \int \rho(\vec{R}_2)\{3(\vec{R}_1 \vec{R}_2)^2 - R_1^2 R_2^2\} dV'$$

Abans de continuar, definirem dos paràmetres que ens permetran definir el potencial d'una manera més curta i fàcil:

- **Tensor moment quadrupolar**: El veurem amb més deteniment a "Mecànica Clàssica i Mecànica Analítica":

$$Q_{ij} \equiv \int (3x'_i x'_j - r'^2 \delta_{ij}) \rho(r') dV'$$

- **Moment dipolar elèctric**:

$$p = \int r' \rho(r') dV'$$

Seguim:

$$\phi(R_1) = \frac{Q}{4\pi\varepsilon_0 R_1} + \frac{1}{4\pi\varepsilon_0 R_1^3} \vec{R}_1 \int \rho(\vec{R}_2) \vec{R}_2 dV' - \frac{1}{4\pi\varepsilon_0 R_1^5} \sum Q_{ij} x_i y_j$$

I finalment obtenim, utilitzant els paràmetres anteriors:

$$\phi(R_1) = \frac{Q}{4\pi\varepsilon_0 R_1} + \frac{\vec{R}_1 \vec{p}}{4\pi\varepsilon_0 R_1^3} + \frac{\vec{R}_1(Q \cdot \vec{R}_2)}{8\pi\varepsilon_0 R_1^5} \qquad (3.1)$$

Si definim les parts del potencial com **a)**, **b)** i **c)** respectivament tindrem:
a) **Pot ser zero si el dielèctric no està carregat (*monopolar*).**
b) **No serà zero (*Dipolar*)**

c) *Quadrupolars*

Els que més utilitzarem seran els primers, els monopolars.

3.2. Dipol elèctric

Def: Un dipol elèctric és un sistema de càrregues simples construït per dues càrregues iguals i de signe contrari separades per una distància d i $p = q \cdot d$

+q ——d—— -q

Si agafem la darrera fórmula, l'expressió *(3.1)*, el segon terme és el terme principal del **dipol elèctric**:

$$\frac{\vec{r} \cdot \vec{p}}{4\pi\varepsilon_0 r^3}$$

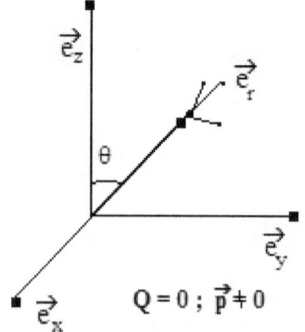

$Q = 0 \; ; \; \vec{p} \neq 0$

EX

- Moment total de càrrega és zero, però el moment dipolar no.

$$\phi(\vec{r}) \frac{1}{4\pi\varepsilon_0 r^3} \vec{r} \int_{V'} \rho(\vec{r}\,')\vec{r}\,' dV'$$

Per tant el potencial varia com a r^{-2} :

$$\phi(\vec{r}) = \frac{p\cos\theta}{4\pi\varepsilon_0 r^2} = \frac{p_z}{4\pi\varepsilon_0 (x^2+y^2+z^2)^{3/2}}$$

si ara observem el camp elèctric:

$$\vec{E}(\vec{r}) = \frac{-\partial\phi}{\partial r}\vec{e}_r - \frac{1}{r}\frac{\partial\phi}{\partial\theta}\vec{e}_\theta - \frac{1}{r\sin\theta}\frac{\partial\phi}{\partial\varphi}\vec{e}_\varphi = \frac{-\partial\phi}{\partial x}\vec{e}_x - \frac{\partial\phi}{\partial y}\vec{e}_y - \frac{\partial\phi}{\partial z}\vec{e}_z$$

A la pàgina següent veurem el camp representat en coordenades esfèriques:

Electromagnetisme. Teoria clàssica

$$\vec{E}(\vec{r}) = \frac{-1}{4\pi\varepsilon_0}\left(-2\frac{p\cos\theta}{r^3}\vec{e}_r - \frac{1}{r}\frac{p\sin\theta}{r^2}\vec{e}_\theta\right) =$$

$$= \frac{1}{4\pi\varepsilon_0}\left(\frac{3p\cos\theta}{r^3}\vec{e}_r - \frac{p\cos\theta}{r^3}\vec{e}_r \frac{p\sin\theta}{r^3} + \vec{e}_\theta\right) =$$

$$= \frac{1}{4\pi\varepsilon_0}\left[\frac{3pr\cos\theta\, r}{r^3}\vec{e}_r - \frac{p}{r^3}(\cos\theta\,\vec{e}_r - \sin\theta\,\vec{e}_\theta)\right] =$$

$$= \frac{1}{4\pi\varepsilon_0}\left(\frac{3(\vec{p}\vec{r})\vec{r}}{r^5} - \frac{\vec{p}}{r^3}\right)$$

aleshores, si fem servir la definicó de **p** = **q· d,** canviant la d per l perquè por originar confusió amb si és una derivada o no, per tant **p = q · l** :

$$\phi(\vec{r}) = \frac{1}{4\pi\varepsilon_0}\frac{q\vec{l}\vec{r}}{r^3} = \frac{q}{4\pi\varepsilon_0}\frac{l\cos\theta}{r^2}$$

$$\vec{E}(\vec{r}) = \frac{q}{4\pi\varepsilon_0}\left(\frac{3(\vec{l}\vec{r})\vec{r}}{r^5} - \frac{\vec{l}}{r^3}\right) \quad (1)$$

$$\phi(\vec{r}) = \frac{q}{4\pi\varepsilon_0}\left(\frac{1}{\left|\vec{r}+\frac{\vec{l}}{2}\right|} - \frac{1}{\left|\vec{r}+\frac{\vec{l}}{2}\right|}\right) \quad (2)$$

$$\vec{E}(\vec{r}) = \frac{q}{4\pi\varepsilon_0}\left(\frac{\vec{r}-\vec{r}_q}{\left|\vec{r}+\frac{\vec{l}}{2}\right|^3} - \frac{\vec{r}-\vec{r}_{-q}}{\left|\vec{r}+\frac{\vec{l}}{2}\right|^3}\right)$$

!! Sempre que estiguem a distàncies molt grans respecte l'àtom o un conjunt de molècules, parlarem d'un moment dipolar $|\vec{r}|$ >>> $|\vec{l}|$ (2) → (1) (distàncies molt més grans al dipol).

Electromagnetisme. Teoria clàssica

3.3. Camp creat per un dielèctric

Def: En un **dielèctric**, els àtoms i molècules del material poden tenir un moment dipolar elèctric individual quan el centre de gravetat de les càrregues negatives no coincideix amb les positives. Amb això definim un camp vectorial local anomenat **polarització** o *polarització elèctrica.*

Def: La **polarització elèctrica** és una magnitud definida a cada punt com el valor mig dels dipols tancats a dins del volum diferencial. De forma quantitativa, es pot definir com el moment dipolar en un element de volum infinitessimal de centre el radi del vector r. La polarització pot ser **diferent de zero** quan el dielèctric sigui neutre ja que als centres de gravetat d'àtoms i molècules poden ser no coincidents.

Seguidament observarem totes aquestes definicions amb les equacions que les verifiquen.

- **Potencial elèctric d'un dielèctric avaluat a una llunyania corresponent al dipol generat pel camp elèctric.**

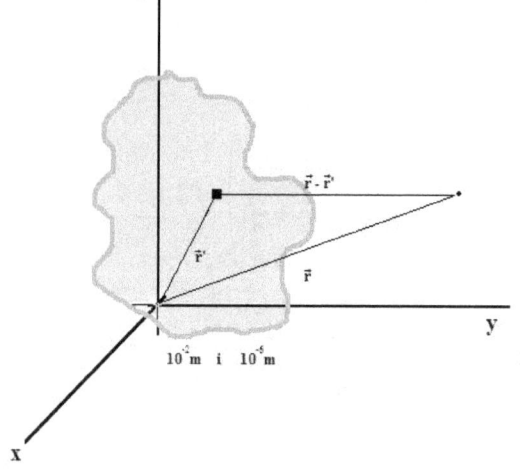

Figura 3.2. Volum d'un dielèctric que interacciona a la llunyania amb una partícula.

$$10^{12}dV' = V'$$

10^{12} correspon al nombre aproximat de molècules o àtoms que són a dins del volum.

$$\phi(\vec{r}) = \frac{1}{4\pi\varepsilon_0} \frac{\vec{r}\,\vec{p}}{r^3}$$

A continuació, farem un zoom increïble per observar el què passa dins del petit quadradet que es troba dins del volum del nostre dielèctric:

Electromagnetisme. Teoria clàssica

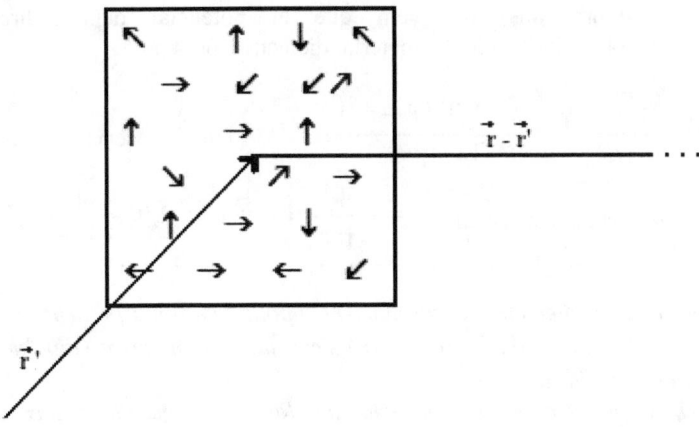

Aleshores, dins d'aquest petit quadradet, estaríem parlant d'un volum que si de costat fa 10^{-6} m de volum fa 10^{-18} m. Les fletxetes, representen el moment dipolar de cada partícula que composa el dielèctric en aquesta superfície. Evidentment tindrà moltíssimes més partícules però és per fer-nos una idea intuitiva.

Continuem treballant el potencial del material doncs. Començarem fent la derivada del mateix:

$$d\phi(\vec{r}) = \frac{1}{4\pi\varepsilon_0} \sum_i \frac{(\vec{r}-\vec{r}_i)\vec{p}_i}{|\vec{r}-\vec{r}_i|^3} \simeq \frac{1}{4\pi\varepsilon_0} \sum_i \frac{(\vec{r}-\vec{r}_i)\vec{p}_i}{|r-r_i|^3} =$$

$$= \frac{1}{4\pi\varepsilon_0} \frac{\sum_i (\vec{p}_i)|\vec{r}-\vec{r}\,'|}{|r-r\,'|^3} \qquad (3.2)$$

Aleshores podem definir la **polarizació elèctrica del material** com: $\vec{P}$, de tal manera què:

$$\boxed{\vec{P}(\vec{r}\,') = \frac{\sum_i \vec{p}_i}{dV}\,' = \frac{d\vec{p}}{dV\,'}}$$

i amb unitats de mesura de:

$[\vec{P}(\vec{r}\,')] = \dfrac{qL}{L^3} = \dfrac{q}{L^2} = \sigma_p$ **(Unitats de distribució de càrrega superficial lligada)**

Electromagnetisme. Teoria clàssica

Aleshores, si relacionem la polarització amb el potencial segons les seves respectives expressions, observem que el potencial depèn directament proporcional a la polarització del material dielèctric, per tant:

$$\phi(\vec{r}) = \frac{1}{4\pi\varepsilon_0} \int_{V'} \frac{\vec{P}(\vec{r}\,')\cdot(\vec{r}-\vec{r}\,')}{|\vec{r}-\vec{r}\,'|^3} dV' =$$ fent servir propietats vectorials que ja hem vist abans: $$= \frac{1}{4\pi\varepsilon_0} \int_{V'} \vec{P}(\vec{r}\,') \nabla' \frac{1}{|\vec{r}-\vec{r}\,'|} dV' =$$

Quan el material dielèctric té un moment dipolar amb una polarització nul·la, tindrà un potencial $\phi(\vec{r})$ *zero. Això serà quan els moments dipolars siguin aleatoriament dividits.*
En canvi, si apliquem un camp elèctric, la polarització agafa la mateixa direcció per a tots els moments dipolars de les molècules que, aquestes, crearan un camp elèctric $\vec{E}(\vec{r})$ *propi. Ho veiem al següent dibuix esquema:*

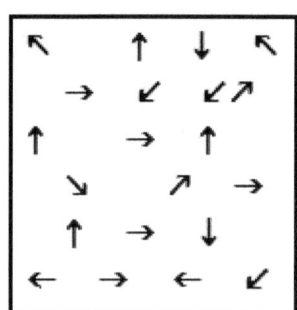  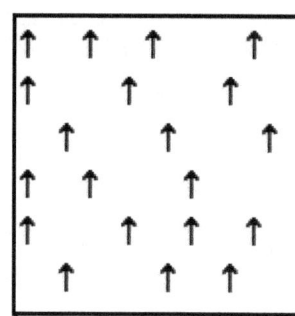

1. Sense camp elèctric exterior 2. Apliquem E 3. El camp E polaritza les molècules

Abans de continuar amb el càlcul del potencial, definirem una propietat matemàtica vectorial que ens facilitarà els càlculs:

$$\vec{A}\nabla\varphi = \nabla(\vec{A}\varphi) - \varphi\nabla\vec{A}$$

Seguim doncs:

$$= \frac{1}{4\pi\varepsilon_0} \int_{V'} \nabla'\left(\frac{\vec{P}(\vec{r}\,')}{|\vec{r}-\vec{r}\,'|}\right) dV' - \frac{1}{4\pi\varepsilon_0} \int \frac{\nabla'\vec{P}(\vec{r}\,')}{|\vec{r}-\vec{r}\,'|} dV' =$$

$$=\phi(\vec{r})=\frac{1}{4\pi\varepsilon_0}\oint_S \frac{\vec{P}(r')\vec{n}'}{|\vec{r}-\vec{r}'|}dS' + \frac{1}{4\pi\varepsilon_0}\int_V \frac{-\nabla'\vec{P}(\vec{r}')}{|\vec{r}-\vec{r}'|}dV'$$

L'expressió *(3.2)* és vàlida sempre que $\vec{r}$ sigui molt gran respecte el tamany del dipol.

Si el darrer resultat del potencial l'interpretem com el potencial creat per una densitat de càrrega equivalent, obtenim l'expressió de la densitat volúmica (i superficial) lligada *(o de* polarització*)*. (*És una unitat de distribució de càrrega*).

$$\boxed{\rho_p \equiv -\nabla \vec{P}} \qquad \boxed{\sigma_p \equiv \vec{P}\cdot\vec{n}}$$

Aleshores, realitzant els càlculs adients, el camp elèctric tindrà un valor de:

$$\vec{E}(\vec{r})=\frac{1}{4\pi\varepsilon_0}\oint_S \sigma_p(\vec{r}')\frac{\vec{r}-\vec{r}'}{|\vec{r}-\vec{r}'|^3}dS' + \frac{1}{4\pi\varepsilon_0}\int_V \rho_p \frac{\vec{r}-\vec{r}'}{|\vec{r}-\vec{r}'|^3}dV'$$

Les densitats de càrrega lligada tenen una interpretació intuitiva molt clara a partir de l'acomulació de càrregues pròpies del material a causa de l'existència de la polarització. Si per exemple $\vec{P}$ és uniforme (constant), hi haurà un moviment de càrregues que crearan dipols que es cancel·laran un a un tret dels que es troben en els extrems. Per tant, dins el volum la densitat de càrrega és nul·la, però a la superfície que el cobreix, la densitat de càrrega és diferent de zero.

3.4. Vector desplaçament

El camp elèctric existent tant a l'interior com a l'exteior del dielèctric es pot calcular substituïnt el propi material per la densitat de càrrega lligada. Si a més a més tenim càrrega lliure, també generarà camp elèctric. Aleshores el camp elèctric total serà:

$$\vec{E}(\vec{r})=\frac{1}{4\pi\varepsilon_0}\int_V [\rho(r')+\rho_p(r')]\frac{\vec{r}-\vec{r}'}{|r-r'|^3}dV'$$

Per tant, hauríem de definir la densitat de càrrega total com: $\rho_T = \rho + \rho_p$

Electromagnetisme. Teoria clàssica

Aleshores la llei de *Gauss* serà: $\nabla \vec{E} = \frac{\rho_T}{\varepsilon_0} = \frac{1}{\varepsilon_0}(\rho - \nabla \vec{P})$ en què finalment tindrem: $\nabla \cdot (\varepsilon_0 E + P) = \rho$

Def: Aleshores definim el **camp D** o **desplaçament elèctric** o, també **densitat del flux elèctric** com:

$$\boxed{D \equiv \varepsilon_0 E + P}$$

Per tant; podem definir la llei de *Gauss* o l'equació diferencial de la divergència, d'una manera generalitzada per a tots els materials, dielèctrics, no dielèctrics o ambdós. Seguidament presentem: **La primera equació de Maxwell generalitzada.:**

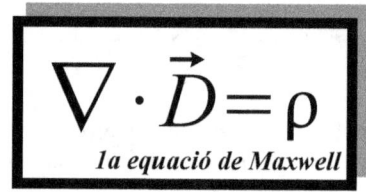

$$\nabla \cdot \vec{D} = \rho$$
1a equació de Maxwell

Abans de continuar, presentarem algunes equacions que necessitarem més endavant:

$$\int_S \vec{D}\vec{n}\,dS = Q \quad (1) \quad \rightarrow \quad \oint_S \vec{E}\vec{n}\,dS = \frac{Q}{\varepsilon_0}$$

Que $Q=0$ no implica que $\vec{D}=0$!!!!

A més a més, podem definir el rotacional de **D** per tenir aquest camp definit totalment, tal i com ens determina el teorema de *Hemholthz*:

$$\boxed{\nabla \wedge \vec{D} = \nabla \wedge \vec{P}}$$

" **Per aplicar el teorema de Gauss només hem de mirar les càrregues lliures. Per aplicar-lo hem de mirar la simetria de l'objecte; si aquesta és esferica o hi ha molta simetria podem aplicar (1).**

D no només depèn de la densitat de càrrega lliure, sinó també de la lligada.

Electromagnetisme. Teoria clàssica

3.5. Susceptibilitat elèctrica

Def: Per definir la susceptibilitat elèctrica, cal observar primer l'energia d'interacció entre un dipol i un camp elèctric, ja que la definició és la relació entre la polarització elèctrica i el camp elèctric.

Figura 3.3. Representació gràfica d'un dipol elèctric.

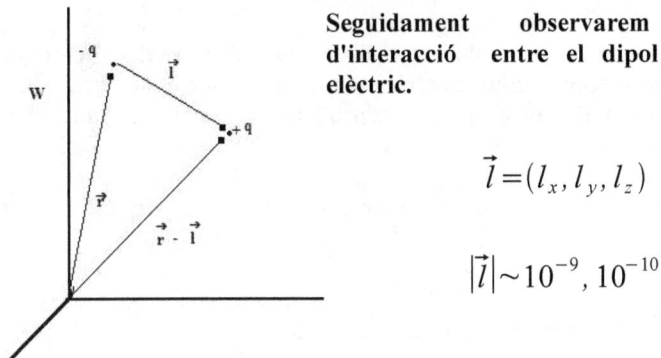

Seguidament observarem l'energia d'interacció entre el dipol i el camp elèctric.

$$\vec{l} = (l_x, l_y, l_z)$$

$$|\vec{l}| \sim 10^{-9}, 10^{-10}$$

Aleshores sabem que l'energia d'interacció es mesura amb:

$$W = q\phi(\vec{r} + \vec{l}) - q\phi(\vec{r})$$

Abans de continuar :

$$q[\frac{\phi(x+l_x, yl_y, z+l_z) - \phi(x, y+l_y, z+l_z)}{l_x}l_x +$$

$$+ \frac{\phi(x+l_x, yl_y, z+l_z) - \phi(x+l_x, y, z+l_z)}{l_y}l_y +$$

$$+ \frac{\phi(x+l_x, yl_y, z+l_z) - \phi(x+l_x, y+l_y, z)}{l_z}l_z \ ]$$

Si ho apliquem a la darrera equació:

$$q\nabla\phi\vec{l} = (\nabla\phi)\vec{p} = -\vec{p}\vec{E} = -pE\cos\theta$$

Com havíem dit a l'apartat del dipol elèctric, si tenim un volum amb diferents direccions pels moments dipolars i li apliquem un camp elèctric, aquests es

Electromagnetisme. Teoria clàssica

redireccionen en la direcció del camp. Això s'anomena **Polarització per orientació**.

Def: La definició de la polarització per orientació, com ve hem comentat amb èmfasi, és degut a què els moments dipolars tenen diferents direccions i uns angles corresponents. Aquests tindran tendència a orientar-se en sentit del camp elèctric $\vec{E}$ per fer una màxima de polarització i arribar a un nivell mínim d'energia d'interacció (minimització d'energia).

Aleshores el camp elèctric polaritza el dielèctric amb una relació entre aquests anomenada la **susceptibilitat elèctrica**. La susceptibilitat elèctrica la definim com χ_e i és una constant que depèn del material. **És una constant adimensional.**

Aleshores, la relació entre la polarització i el camp elèctric ens la marca la susceptibilitat elèctrica:

$$\boxed{\vec{P} = \varepsilon_0 \chi_e \vec{E}}$$

- **A la direccionalitat:**

$$\vec{D} = \varepsilon_0 \vec{E} + \varepsilon_0 \chi_e \vec{E} = \varepsilon_0 (1 + \chi_e) \vec{E}$$

Si definim els següents paràmetres: $1 + \chi_e = \varepsilon_r$; $\varepsilon_r \varepsilon_0 = \varepsilon$ tenim:

$$\vec{D} = \varepsilon \vec{E}$$

Segons aquesta darrera expressió i la susceptibilitat elèctrica, tenim diferents tipus de materials classificats per les seves característiques. Els materials poden ser:

i) **Linial:** És independent del camp elèctric. Segueix la llei de proporcionalitat)

$$L \rightarrow \varepsilon, \chi_e; \varepsilon(\vec{E}), \chi_e(\vec{E})$$

ii) **Isòtrop:** Són paral·lels entre sí i no depenen de la direcció del camp *E*.

$$I \rightarrow \vec{D} \uparrow\uparrow \vec{E} \uparrow\uparrow \vec{P}$$

Electromagnetisme. Teoria clàssica

iii) <u>Uniforme</u> **(Homogeni):** No depèn de $\vec{r}$. En tots els punts de l'espai, ens donen les mateixes propietats

$$U\, no \to \varepsilon(\vec{r}), \chi_e(\vec{r})$$

iv) A més a més, tenim vuit combinacions més jugant amb les tres anteriors. La més comuna és la del <u>material homorf</u>:

$$L, I, U \to \vec{D} \uparrow\uparrow \vec{E} \quad \varepsilon = \chi_e = cnt$$

Veiem els altres 7:

L	I	NO U	$\vec{D}\uparrow\uparrow\vec{E}$	$\varepsilon = \varepsilon(\vec{r})$
NO L	I	U	$\varepsilon(\vec{E})$	
L	NO I	U	$\vec{D}\uparrow\uparrow\vec{E}$	$\overleftrightarrow{\varepsilon}, \varepsilon_{ij} = cnt$
NO L	NO I	NO U	$\vec{D}\uparrow\uparrow\vec{E}$	$\varepsilon_{ij} = \varepsilon_{ij}(\vec{r}, \vec{E})$
L	NO I	NO U	$\vec{D}\uparrow\uparrow\vec{E}$	$\varepsilon_{ij} = \varepsilon_{ij}(\vec{r})$
NO L	I	NO U	$\vec{D}\uparrow\uparrow\vec{E}$	$\varepsilon = \varepsilon(\vec{E}, \vec{r})$
NO L	NO I	U	$\vec{D}\uparrow\uparrow\vec{E}$	$\varepsilon_{ij} = \varepsilon_{ij}(\vec{E})$

Per tant, podem definir ε com una matriu:

$$\varepsilon \to \begin{pmatrix} D_1 \\ D_2 \\ D_3 \end{pmatrix} = \begin{pmatrix} \varepsilon_{11} & \varepsilon_{12} & \varepsilon_{13} \\ \varepsilon_{21} & \varepsilon_{22} & \varepsilon_{23} \\ \varepsilon_{31} & \varepsilon_{32} & \varepsilon_{33} \end{pmatrix} \begin{pmatrix} E_1 \\ E_2 \\ E_3 \end{pmatrix}$$

$$\vec{D} = \varepsilon \vec{E} \quad \to \quad \nabla \vec{D} = \nabla(\varepsilon \vec{E}) = \varepsilon \nabla \vec{E} = \nabla \vec{D} \quad \to \quad \rho = \varepsilon \frac{(\rho + \rho_p)}{\varepsilon_0}$$

* A l'última fletxeta, hem fet servir la primera equació de *Maxwell*.

Electromagnetisme. Teoria clàssica

Aleshores obtenim:

$$\boxed{\rho_p = \frac{\varepsilon_0 - \varepsilon}{\varepsilon}\rho} = \boxed{\rho_p = \frac{1-\varepsilon_r}{\varepsilon_r}\rho}$$

Si considerem $\sigma_p = \frac{\varepsilon_0 - \varepsilon}{\varepsilon}\sigma$; **no** pot ser ja que ε a la superfície no és constant i, a més a més, divergeix a $\nabla(\varepsilon\vec{E})$ perquè $\nabla(\varepsilon\vec{E}) \neq \varepsilon(\nabla\vec{E})$

3.6. Classes de dielèctrics

Existeixen tres formes de polaritzar un dielèctric. La **primera** mitjançant un desplaçament dels electrons dels àtoms respect els nuclis, anomenada *polarització electrònica*. La **segona** es basa amb el desplaçament dels ions positius respecte els negatius, la *polarització iònica*. La **darrera** possibilitat, és amb una rotació dels possibles moments dipolars permanent de les molècules, *polarització d'orientació*.

3.6.1. Dielèctrics polars

Def: Els dielèctrics polars, són els materials que es componen de molècules que tenen un moment dipolar permanent.

Treballem-los:

Si agafem una molècula d'aigua:

obtenim:

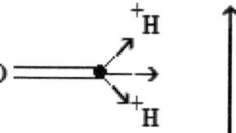

$$-\vec{p}\vec{E}_m = -pE_m\cos\theta_i$$

Aleshores, definim $\vec{E}_m$ com el **camp elèctric molecular**.

Def: ω_i com la probabilitat de l'angle en un estat camp i temperatura determinats. El valor màxim serà amb **T = 0 K°** de temperatura.

Electromagnetisme. Teoria clàssica

Def: k_β com la constant de *Maxwell-Boltzmann*:

$$k_\beta = 1.380662 \cdot 10^{-23} \frac{Joules}{Kelvin} \quad [J/K]$$

per tant, si treballem amb **probabilitat de mecànica estadística:**

$$\omega_i = \frac{e^{-E_i/k_\beta T}}{\sum_j e^{-E_j/k_\beta T}} \quad ; \quad \sum \omega_i = 1$$

Si $\theta_i = \vec{p}_i \hat{\vec{E}}_m$, aleshores tenim: $\omega_0 = \dfrac{e^{\frac{p_0 E_m \cos\theta_i}{k_\beta T}}}{\sum_j e^{\frac{p_0 E_m \cos\theta_j}{k_\beta T}}}$;per tant, el moment polar d'una molècula d' H_2O :

$$\sum_i p_0 \cos\theta_i \omega_i = \frac{\sum_i p_0 \cos\theta_i e^{\frac{p_0 E_m \cos\theta_i}{k_\beta T}}}{\sum_j e^{\frac{p_0 E_m \cos\theta_j}{k_\beta T}}} =$$

Si ho reduïm en sumatoris ínfims:

$$= \frac{\int_0^\pi p_0 \cos\theta_i e^{\frac{p_0 E_m \cos\theta_i}{k_\beta T}} \sin\theta\, d\theta}{\int_0^\pi e^{\frac{p_0 E_m \cos\theta_j}{k_\beta T}} \sin\theta\, d\theta} =$$

Aquesta integral s'ha de ressoldre per parts i fent els canvis de variables següents: $\quad x = \cos\theta \quad a = \dfrac{p_o E_m}{k_\beta T}$

$$= p_0 \frac{\int_{-1}^1 x e^{ax}\, dx}{\int_{-1}^1 e^{ax}\, dx}$$

Electromagnetisme. Teoria clàssica

Si resolem la integral trobem:

$$<P> = p_0 \frac{\frac{e^a+e^{-a}}{a} - \frac{1}{a^2}(e^a-e^{-a})}{\frac{1}{a}(e^a-e^{-a})} = p_0 \left(\coth(a) - \frac{1}{a}\right)$$

Si ara substituïm els canvis de variable fets anteriorment, obtindrem **l'equació de Langevin**:

$$<P> = N\, p_0 \left(\coth\left(\frac{p_0 E_m}{k_\beta T}\right) - \frac{k_\beta T}{p_0 E_m}\right)$$

Equació de Langevin

Si a << 1 desenvolupem per Taylor: $\quad p(T) = p_0 \cdot \frac{a}{3} = \frac{p_o^2 E_m}{3 k_\beta T}$

$$P = N\, p(T) = \frac{N p_0^2 E_m}{3 k_\beta T} = N \alpha E_m$$

amb

$$\boxed{\alpha(T) = \frac{p_0^2}{3 k_\beta T}}$$

A continuació presentem la funció de l'equació anterior. Podem observar com dèiem al principi, que agafa el seu valor màxim quan la temperatura s'aproxima als zero kelvins. Com això és impossible, aquesta funció divergeix a temperatures de zero kelvins i a temperatures molt, molt altes. Per tant la gràfica dels dielèctrics polars és la següent, marcant la franja de polarització:

Electromagnetisme. Teoria clàssica

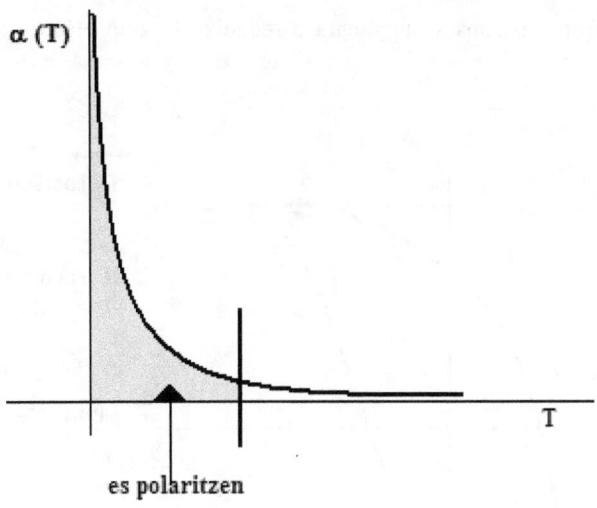

es polaritzen

3.6.2. Ferroelèctrics

Def: Els materials ferroelèctrics tenen un cicle d'histèresi, és a dir, que pot haver-hi polarització sense necesitat de tenir cap camp elèctric. A més a més, generen polarització amb poc camp elèctric.

A continuació, observarem la polarització en condicions ferroelèctriques:[1]

$$\vec{P} = \frac{N\alpha}{1 - \frac{N\alpha}{3\varepsilon_0}} \vec{E} \quad \text{en condicions ferroelèctriques:}$$

$$\varepsilon_0 \chi_e = \frac{N\alpha}{1 - \frac{N\alpha}{3\varepsilon_0}} \quad \rightarrow \quad \boxed{1 - \frac{N\alpha}{3\varepsilon_0} \rightarrow 0}$$

---

1 Les equacions que s'observen a continuació, són de *Claussius-Massoti*, que les treballarem a la **pàgina 86**.

Veurem el procés segons si augmenta o redueix el camp elèctric a la següent gràfica:

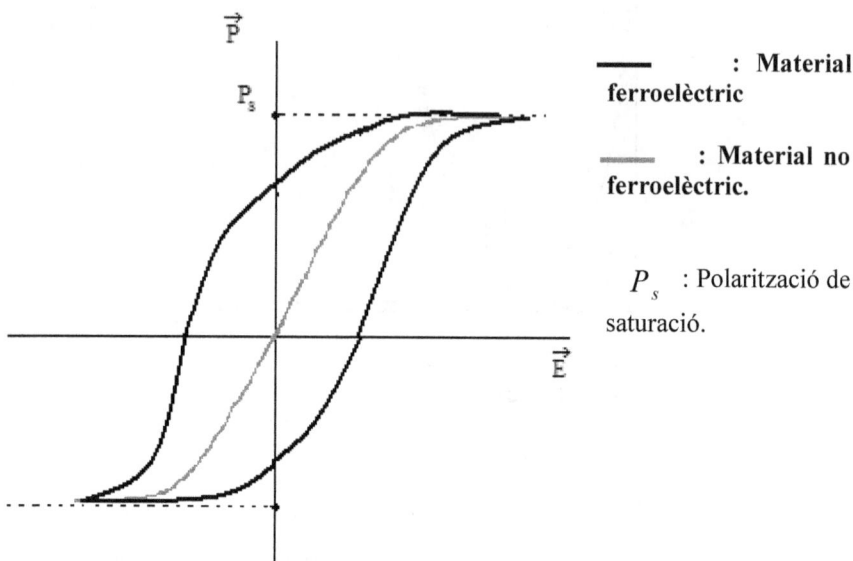

———— : Material ferroelèctric

———— : Material no ferroelèctric.

P_s : Polarització de saturació.

Per tant, observem en aquesta gràfica el cicle d'histèresi. Podem veure que malgrat el camp elèctric sigui zero, la polarització no és nul·la.

3.6.3. Piezoelèctrics

Def: A alguns materials se'ls hi aplica una deformació mecànica, apareix la polarització o canvia, però també a la inversa: *si apliquem un camp elèctric, sorgeix una deformació del cristall*. Tots els ferroelèctrics tenen aquesta propietat, però per exemple el quars, que no és ferroelèctric també la té.

La condició necessària per a què aparegui aquesta propietat, és que el material sigui un cristall iònic sense un punt de simetria d'inversió.

Electromagnetisme. Teoria clàssica

3.6.4. *Claussius – Massoti*

Hem vist termes quan hem descrit els materials dielèctrics que encara no havíem definit. Seguidament ho veurem per tenir més clars els conceptes.

$$\vec{E}_m = \vec{E} + \frac{\vec{P}}{3\varepsilon_0} \qquad\qquad \vec{P}_m = \alpha \vec{E}_m$$

Els paràmetres són:
$\vec{P}_m$: Polarització molecular.
Def: Definim α (la **polarizabilitat**) com la capacitat del $\vec{E}_m$ de polaritzar dos molècules

Si ara ho treballes per a totes les molècules: $N \vec{P}_m = N \alpha \vec{E}_m$

amb $\quad N = \dfrac{n^o}{V} \quad$: número de particules per unitat de volum.

La polarització total és $\quad P = N \alpha (\vec{E} + \dfrac{\vec{P}}{3\varepsilon_0}) \quad ; \quad \vec{P}(1 - \dfrac{N\alpha}{3\varepsilon_0}) = N \alpha \vec{E}$

Aleshores obtenim $\quad \vec{P} = \dfrac{N\alpha}{1 - \dfrac{N\alpha}{3\varepsilon_0}} \quad$ amb $\quad \varepsilon_0 \chi = \dfrac{N\alpha}{1 - \dfrac{N\alpha}{3\varepsilon_0}} \quad$ (1)

Aquestes dues equacions, les hem vist en els materials ferroelèctrics.

$$\vec{P} = \frac{N\alpha}{1 - \dfrac{N\alpha}{3\varepsilon_0}} \vec{E} \quad ; \text{si} \quad \varepsilon - \varepsilon_0 = \frac{N\alpha}{1 - \dfrac{N\alpha}{3\varepsilon_0}} \quad \text{podem relacionar:}$$

$$\vec{P} = \vec{D} - \varepsilon_0 \vec{E} \quad \rightarrow \quad \vec{P} = (\varepsilon - \varepsilon_0) \vec{E}$$

$$\alpha = \frac{3\varepsilon_0}{N} \frac{\varepsilon - \varepsilon_0}{\varepsilon + 2\varepsilon_0} \quad (2)$$

Electromagnetisme. Teoria clàssica

Relacionant (1) i (2), obtenim respectivament:

$$\chi_e = \frac{N\alpha}{\varepsilon_0 - \frac{N\alpha}{3}}$$

Equació de Claussius - Massoti

$$\alpha = \frac{3\varepsilon_0}{N}\frac{\varepsilon_r - 1}{\varepsilon_r + 2}$$

Això es podrà veure amb més deteniment i èmfasi, juntament amb una notació generalitzada al llibre de "*Termodinàmica i Mecànica estadística*".

3.7. Condensadors

Veurem amb exemples casos típics de condensadors amb dielèctrics:

EX 1

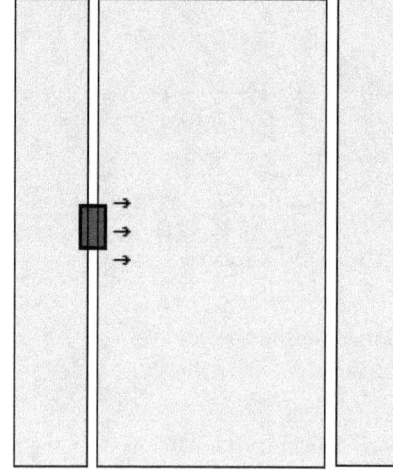

Figura 3.4. Condensador de plaques paral·leles amb un dielèctric. El material és LIU o LIH, aleshores:

$$\int_S \vec{D}\vec{n}\,dS = Q \quad \varepsilon\int_c \vec{E}\vec{n}\,dS = Q$$

$$\nabla\wedge\vec{P}=0 \quad \vec{D}=\varepsilon\vec{E}=\varepsilon_0\vec{E}+\vec{P}$$

Com són materials LIU, la ε és constant.

$$\nabla\wedge\vec{D}=\varepsilon\nabla\wedge\vec{E}=0=$$
$$=\varepsilon_0\nabla\wedge\vec{E}+\nabla\wedge\vec{P}$$

$$\vec{D}\vec{n}\Delta S = \sigma\Delta S \quad \rightarrow \quad \vec{D}\,\sigma\vec{e}_n$$

si $\vec{E}=\dfrac{\vec{D}}{\varepsilon}=\dfrac{\sigma}{\varepsilon}\vec{e}_n$ Aleshores: $\phi_1 - \phi_2 = V = \dfrac{\sigma l}{\varepsilon} = \dfrac{Ql}{S\varepsilon}$ i per tant:

$$\boxed{C = \frac{\varepsilon S}{l} = \varepsilon_r C_0}$$ *Capacitat del condensador*

EX 2

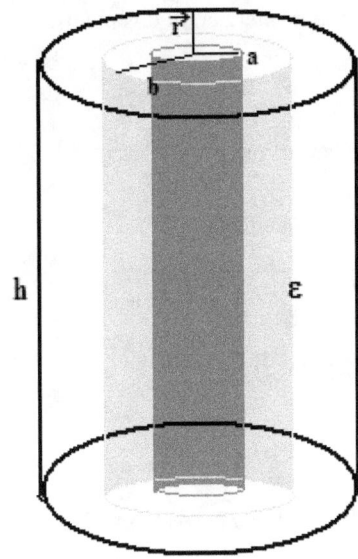

Figura 3.5. Condensador cilíndric.

$$D 2\pi r h = \sigma 2\pi a h$$

$$\vec{D} = \frac{\sigma a}{r} \vec{e}_\rho \quad ; \quad \vec{E} = \frac{\sigma a}{\varepsilon r} \vec{e}_\rho$$

$$\phi_a - \phi_b = -\int_b^a \vec{E}\, dr = -\int_b^a \frac{\sigma a}{\varepsilon r} dr =$$

$$= \frac{\sigma a}{\varepsilon} \ln\left(\frac{b}{a}\right) = \frac{Q}{2\pi h \varepsilon} \ln\left(\frac{b}{a}\right)$$

amb $\quad D 4\pi r^2 = \sigma 4\pi a^2$

$$\vec{D} = \frac{\sigma a^2}{r^2} \vec{e}_r \quad ; \quad \vec{E} = \frac{\sigma a^2}{\varepsilon r^2} \vec{e}_r$$

Finalment obtenim:

$$\boxed{C = \frac{2\pi \varepsilon h}{\ln\left(\frac{b}{a}\right)} = \varepsilon_r C_0}\quad \text{\textbf{Capacitat d'un condensador cilíndric}}$$

3.8. Condicions de contorn

Es poden trobar les condicions que han de complir la component normal i tangencial del camp elèctric a ambdòs costats de la superfície que separa els dos medis mitjançant les equacions de l'electrostàtica.

Si considerem un cilindre petit d'alçada infinitessimal (ja què hem de calcular regions concretes), *Figura 3.6.* i realitzem les operacions següents:

$$\nabla \vec{D} = \rho \quad \vec{E} = \frac{1}{4\pi \varepsilon_0} \int \frac{[\rho_p(r') + \rho(r')](\vec{r} - \vec{r}')}{|r - r'|^3} dV' \quad \nabla \wedge \vec{E} = 0$$

Electromagnetisme. Teoria clàssica

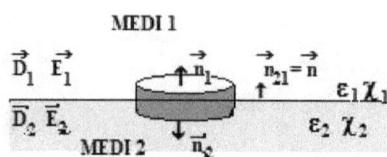

Figura 3.6. **Superfície de separació de dos dielèctrics:** Cilindre infinitessimal situat en la frontera entre dos medis.

$$\int \vec{D}\vec{n}\,dS = \int \rho\,dV = \text{ Al no tenir volum (o ser ínfim) } = \int \sigma\,dS = Q$$

Treballem segons el medi i components. Definim els paràmetres:

$$\vec{n} = \vec{n}_1 = -\vec{n}_2\,(*) \quad \vec{D}_1 = \vec{D}_{1n} + \vec{D}_{1t} \quad \vec{D}_2 = \vec{D}_{2n} + \vec{D}_{2t}$$

Tenim el subíndex n que vol dir normal i el subíndex t, el tangencial (pot tenir qualsevol direcció).

Aleshores:

$$\vec{D}_1\vec{n}_1\Delta S_1 + \vec{D}_2\vec{n}_2\Delta S_2 = \sigma\Delta S \quad \rightarrow (*) \quad (\vec{D}_1 - \vec{D}_2)\vec{n}\Delta S = \Delta S$$

$$(D_{1n} - D_{2n})\Delta S = \sigma\Delta S \quad \boxed{D_{1n} - D_{2n} = \sigma} \quad \text{Condició de contorn}$$

Si $\sigma = 0$ tenim $D_{1n} = D_{2n}$.

Conclusió de la llei de *Gauss*: La component normal del vector D és discontinua si tenim una distribució de càrrega en el punt avaluat; i a la inversa.

$\varepsilon_1 E_{1n} = \varepsilon_2 E_{2n}$ Si $\sigma_T = 0$. **De les components tangencials no podem dir res en aquest cas.**

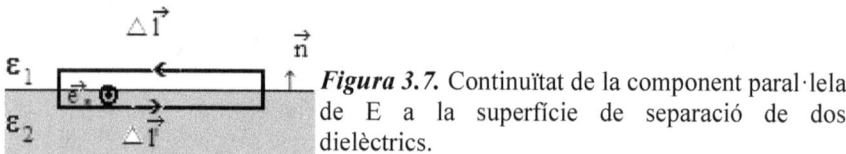

Figura 3.7. Continuïtat de la component paral·lela de E a la superfície de separació de dos dielèctrics.

$\vec{e}_n$ Vector unitari i perpendicular al circuit. $\quad \vec{e}_n \wedge \vec{n} = \dfrac{\Delta \vec{l}}{\Delta l}$

Electromagnetisme. Teoria clàssica

$$\oint_S rot\,\vec{E}\,dS = \oint_C \vec{E}\,d\vec{l} = \vec{E}_1 \Delta\vec{l} - \vec{E}_2 \Delta\vec{l}\,' = 0$$

$$\vec{E}_1 = \vec{E}_{1n} + \vec{E}_{1t} \quad ; \quad \vec{E}_2 = \vec{E}_{2n} + \vec{E}_{2t}$$

(1) Que el camp sigui *irrotacional* (rot = 0), ens diu que el camp tangencial es conserva, és a dir, que no hi ha distribució de càrregues lliures a la superfície. La component normal també es conserva.

- $E_{1t}\Delta l - E_{2t}\Delta l = 0 \quad \to \quad E_{1t} = E_{2t}$ (1)

- $(\vec{E}_1 - \vec{E}_2)\vec{e}_n \wedge \vec{n}|\Delta \vec{l}| \quad \to \quad 0 = \vec{e}_n(\vec{E}_1 - \vec{E}_2) \wedge \vec{n}|\Delta \vec{l}| =$
  $= (\vec{a}, \vec{e}_n, \vec{n})|\Delta \vec{l}|$

- $(\vec{E}_1 - \vec{E}_2) \wedge \vec{n} = 0$ (1)

Si $\sigma = 0$ el dielèctric pot passar que sigui un camp conservatiu sempre que la distribució de càrrega lliure sigui diferent de zero i la distribució de carrega lligada indiferent.

La $Q_p = 0$ si un material dielèctric complet (total de superfície) i $\vec{p} = 0$ tenim que $\nabla \vec{P} = 0$ pot ser diferent de zero a la superfície, veiem-ho:

$$\nabla \vec{P} = 0 \quad \to \quad \rho_p = 0 \quad \to \quad \sigma_p = 0 \quad \to \quad \int \sigma_p dS \neq 0$$

En camps dielèctrics de superfícies finites, el camp tendeix a despolaritzar el dielèctric i ens fa una discontinuïtat de la component normal del camp elèctric E.

Electromagnetisme. Teoria clàssica

3.9. Energia electrostàtica

Def: L'energia electrostàtica en dielèctrics segueix el patró de les equacions pel buit, però l'expressió general varia lleugerament.

Observem-ho amb deteniment i expressions. Començarem per una **distribució contínua de càrrega**:

$$W = \frac{1}{2}\int_V \rho\phi\, dV' = \frac{1}{2}\int_\infty \rho\phi\, dV$$

$$W = \frac{1}{2}\int_V (\nabla\vec{D})\phi\, dV = \frac{1}{2}\int_V \nabla(\phi\vec{D})\, dV - \frac{1}{2}\int_V \vec{D}\nabla\phi\, dV =$$

$$= \frac{1}{2}\int_{S(V)} \phi\vec{D}\vec{n}\, dS + \frac{1}{2}\int_V \vec{D}\vec{E}\, dV = \quad (*)$$

$\vec{D} = \varepsilon_0\vec{E} + \vec{P} = \varepsilon_0\vec{E}$

Perquè la polarització en aire **és zero**!

$\rho \neq 0$

$$(*) = \frac{1}{2}\int_{S(\infty)} \phi\vec{D}\vec{n}\, dS + \frac{1}{2}\int_\infty \vec{D}\vec{E}\, dV = \quad (\#)$$

La primera integral és **zero** perquè el volum d'integració és suficientment gran i la càrrega està limitada a un volum finit, $\phi \to \frac{1}{r}$; $\vec{D} \to \frac{1}{r^2}$; $S \to r^2$ i la integral de superficie tendeix a zero. És a dir que al tenir una ρ finita:

Electromagnetisme. Teoria clàssica

(#) $\quad =\dfrac{1}{2}\int_\infty D\,E\,dV = \dfrac{1}{2}\int_S (V)\,\phi\,\vec{D}\,\vec{n}\,dS + \dfrac{1}{2}\int_V \vec{D}\,\vec{E}\,dV$

i l'energia electrostàtica serà:

$$\boxed{\,W_e = \dfrac{1}{2}\int_V \vec{D}\,\vec{E}\,dV\,}$$

En què ρ pot ser aditiva, però ϕ ha de ser complet.

Electromagnetisme. Teoria clàssica

Electromagnetisme. Teoria clàssica

Tema 4.- Magnetostàtica

" Des del 900 a.C. ja hi van aparèixer símptomes del magnetisme, però no va ser fins el segle XIX que es van realitzar experiments relacionats. *Oersted* al 1819, va comprovar que un corrent elèctric desviava l'agulla d'una brúixola. *Biot i Savart* van repetir l'experiment i van fer un anàlisi quantitatiu amb el què van comprovar que al força era inversament proporcional a la distància de separació entre el conductor i l'agulla. (per un diferencial de circuit ha de ser de $\frac{1}{r^2}$)

A més a més, per "acció-reacció", si un corrent excerceix una força sobre un imàn, aquest excercirà una força sobre un corrent i, per tant, també sobre les càrregues en moviment. *Ampère,* va analitzar com dos corrents col·locades en determinades posicions relatives, experimenten una força mútua i, a causa d'això, va formular la *llei d'interacció entre corrents*.

Per entendre les interaccions, farem un petit estudi amb càrregues representat a la *Figura 4.1.*

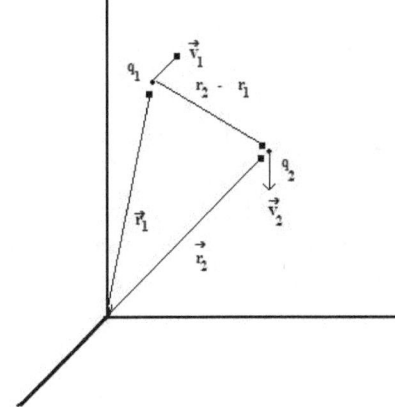

Per una part tindrem que si les velocitats són petites o constants:

$|v_1| \ll 0 \quad |v_2| \ll 0$ (petites)

$\dot{\vec{v}}_1 = \dot{\vec{v}}_2 = 0$ (constants)

Aleshores obtenim:

$$\boxed{\vec{F} = q_2(\vec{E} + \vec{v}_2 \wedge \vec{B})}$$

Biot i Savart

$\vec{B}$: Camp magnètic, ja ho veurem més endavant.

Per l'altra banda tenim:

$$\boxed{\vec{F} = \frac{q_1 q_2}{4\pi\varepsilon_0} \frac{\vec{r}_2 - \vec{r}_1}{|r_2 - r_1|^3} + \frac{q_1 q_2}{4\pi\varepsilon_0} \vec{v}_2 \wedge \left(\frac{\vec{v}_1 \wedge \vec{r}_2 - \vec{r}_1}{|r_2 - r_1|^3} \right)}$$ *Lorentz*

Electromagnetisme. Teoria clàssica

Si combinem la *Força de Lorentz* i la de *Biot i Savart*:

$$\vec{E}_1(\vec{r}_2) = \frac{q_1}{4\pi\varepsilon_0} \frac{\vec{r}_2 - \vec{r}_1}{|r_2 - r_1|^3} \quad (4.1)$$

$$\vec{B}_1(\vec{r}_2) = \frac{q_1}{4\pi\varepsilon_0 c^2} \vec{v}_1 \wedge \frac{\vec{r}_2 - \vec{r}_1}{|r_2 - r_1|^3} \quad (4.2)$$

4.1. Corrent elèctrica: Llei d'Ohm

Def: El corrent elèctric està constituït per les càrregues que es mouen a l'interior d'un conductor. En el cas d'un metall, són electrons; en el plasma poden ser ions i electrons...

La variable o magnitud física que es defineix primerament, és la **intensitat de corrent** que és la càrrega neta total per unitat de temps. Cal dir que la càrrega neta és la que **travessa** la **superfície**.

$$\boxed{I \equiv \frac{dQ}{dt}}$$

Amb la unitat de mesura: **A (Ampère);** : 1 A = 1C / 1 s

Si dins el corrent existeix una densitat de càrrega ρ i fem una aproximació de que totes les càrregues dins l'element de volum ΔV tenen una mateixa velocitat $\vec{v}$ (Podem definir $\vec{v}$ com la velocitat mitjana de totes les partícules); la quantitat de càrrega que travessa una superfície ∂S en un dt és:

$$\boxed{dQ = \rho \vec{v} \vec{n} \, dt \, \partial S}$$

Si relacionem les dues equacions anteriors fent el diferencial de la intensitat en un diferencial de superfície:

$$\partial I \equiv \frac{dQ}{dt} = \frac{\rho \vec{v} \vec{n} \, dt \, \partial S}{dt} \quad \rightarrow \quad \boxed{\partial I \equiv \rho \vec{v} \vec{n} \, \partial S = \vec{J} \vec{n} \, \partial S}$$

Electromagnetisme. Teoria clàssica

i definim la **densitat de corrent** com: $\vec{J} \equiv \rho \vec{v}$; amb unitats de $\dfrac{A}{m^2}$ i que compleix:

$$\sum \partial I = \boxed{I = \int_S \vec{J}\,\vec{n}\,dS}$$

4.1.1. Llei de *Joule*

Def: La llei de *Joule* ens diu que en un sistema que funciona amb electricitat, necessitem subministrar energia constantment perquè aquest sistema funcioni.

Agafem valors absoluts i promitjos temporals per fer més simple el càlcul. No obstant això, aquests càlculs no careixen de rigororositat.

L'energia per un sistema elèctric, ens vindrà determinada per $\Delta W = \Delta Q \Delta \phi$ i la potència, aleshores, per $P = \dfrac{\Delta W}{\Delta t} = \dfrac{\Delta Q}{\Delta t} \Delta \phi = I \Delta \phi$.

Considerem ara un cable com un cilindre de longitud *L* i secció *A*. **Def**inim *k* com la *potència per unitat de volum* tal què $k = \dfrac{P}{\Delta V} = \dfrac{\Delta W}{\Delta t\, A\, L} = \dfrac{I \Delta \phi}{A\, L} \equiv J\, E$; per tant:

$$\boxed{k = J\, E}$$

4.1.2. Llei d'*Ohm*

Def: La llei d'*Ohm* ens defineix amb formulació la comprobació experimental de la proporcionalitat existent entre el camp elèctric i la densitat de corrent:

$$\boxed{\vec{J} = g\, \vec{E}}$$

Definim la constant **g** com la **conductivitat** amb unitats de **A / V·m** (Hem de tenir en compte que la V és voltatge i la mesura és **volts**)

La inversa és la **resistivitat** amb unitats de $\Omega \cdot m$.

Si per un fil conductor, de secció uniforme i de longitud L, circula un corrent;

Electromagnetisme. Teoria clàssica

aleshores la diferència de potencial necessària és:

$$V = |\Delta \phi| = \int \vec{E} \, d\vec{l} = E \cdot L$$

Un camp elèctric perpendicular al fil, proporcionaria un corrent perpendicular que acomularia càrrega a un costat del fil, anul·lant el camp perpendicular i, l'únic camp existent, és el paral·lel. Si el fil és uniforme, el camp elèctric serà el mateix en tots els punts:

$$I = \int_S \vec{J} \vec{n} \, dS = J \cdot S = g \, E \, S = g \frac{|\Delta \phi|}{L} S = \frac{|\Delta \phi|}{R}$$

Aleshores podríem definir la **resistència** com:

$$\boxed{R = \frac{L}{gS}} \quad (\Omega)$$

Si el fil no és homogeni, es pot deinir: $\quad R = \int \frac{dl}{gS}$

Abans de continuar, presentarem valors de conductivitat dels materials:

L	I	U		
NO L	I	U	$g = g(E)$	
L	NO I	U	$g = \overleftrightarrow{g}$	
L	I	NO U	$g = g(\vec{r})$	
NO L	NO I	NO U	$g = \overleftrightarrow{g}$	$g_{ij} = g_{ij}(\vec{r}, \vec{E})$

4.2. Equació de continuitat

Si les càrregues surten per una superfície d'un element de volum en un interval de temps entre **t** i **t + dt** són les que estan a una distància menor de **v · n · dt** en un t determinat. Per tant, representat a la *Figura 4.2*, la càrrega que surt per tota la

Electromagnetisme. Teoria clàssica

superfície és:

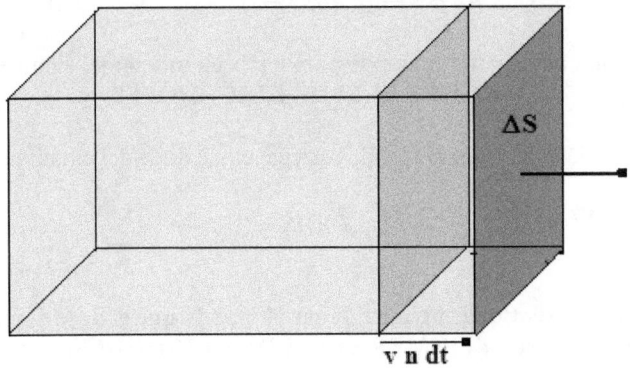

$$Q_S = \rho \vec{v} \vec{n} \, dt \, \Delta S$$

Per tant, la variació de càrrega de l'element de volum, en el nostre cas el paral·lelepíped, ha de ser igual a la càrrega que surt per tota la superfície:

$$\frac{d}{dt}\int_V \rho \, dV = -\oint_S \rho \vec{v} \vec{n} \, dS = -\int_v \nabla \vec{J} \, dV$$

A la darrera igualtat, s'ha aplicat el teorema de la divergència i la definició de la densitat de corrent $\vec{J}$. Si la forma superficial no és un paral·lelepíped, sempre podem fer diferencials amb petits quadradets i contribuiran a l'integral com havíem estudiat al tema 1. Els vectors perpendiculars del paral·lelepíped que vagin seguits es cancel·laran i només restaran els extrems. Aleshores tot cos superficial complirà la següent equació:

$$\boxed{\nabla \cdot \vec{J} + \frac{\partial \rho}{\partial t} = 0}$$ **Equació de continuitat**

[Expressió matemàtica de la conservació de càrrega]

4.2.1. Lleis de Kirchhoff

Si apliquem una diferència de potencial a un circuit, les càrregues es mouen per la influència del camp. En conseqüència, en un circuit tancat obtenim:

Electromagnetisme. Teoria clàssica

$$\int (\nabla \wedge \vec{E})\, d\vec{S} = \oint \vec{E}\, d\vec{l} = 0 \quad \rightarrow \quad \sum_i V_i = 0$$

[La suma de les diferències de potencials en una malla s'anul·len: **SEGONA LLEI DE KIRCHHOFF**]

En conseqüència de la conservació de càrrega, en un node del circuit tenim:

$$\nabla \vec{J} = 0 \quad \rightarrow \quad \oint_S \vec{J}\, \vec{n}\, dS = 0 \quad \rightarrow \quad \sum_i I_i = 0$$

[La suma del corrent que entra ha de ser el mateix que el de la sortida, per la conservació de càrrega: **PRIMERA LLEI DE KIRCHHOFF**]

4.3. Força entre corrents

Experimentalment, es comprova que la força que excerceix un camp magnètic sobre un fil recte o una càrrega en moviment, sempre és perpendicular al fil o al vector velocitat de la càrrega, respectivament. Això ho expressem mitjançant la fórmula vista amb anterioritat:

$$\vec{F} = q\vec{v} \wedge \vec{B} \leftrightarrow d\vec{F} = \rho\, \vec{v} \wedge \vec{B}\, dV = \vec{J} \wedge \vec{B}\, dV = I\, d\vec{l} \wedge \vec{B}$$

En aquesta última igualtat hem fet servir: (#)

$$\vec{J}\, dV = I\, d\vec{l} = \vec{J}\, dS\, dl = J\, dS\, d\vec{l} = I\, d\vec{l}$$

Aleshores la direcció del camp magnètic $\vec{B}$ creat per un fil és perpendicular al fil que crea el camp i perpendicular al vector que uneix el punt font amb el punt camp. A més a més, és inversament proporcional al quadrat de la distància.

Si partim de l'equació inicial de la força de *Lorentz*[2], però en canvi de tenir q_1 i q_2 tenim $\vec{v}_1$ i $\vec{v}_2$ considerant la càrrega existent en un diferencial de longitud: $q_1 \vec{v}_1 = dQ_1 \vec{v}_1 = I_1 d\vec{l}_1$ **la força entre dos longituds diferencials d'un fil** és:

$$d\vec{F}_2 = \frac{1}{4\pi\varepsilon_0 c^2} I_2 I_1 d\vec{l}_2 \wedge \frac{d\vec{l}_1 \wedge (\vec{r}_2 - \vec{r}_1)}{|r_2 - r_1|^3}$$

---

2 Es pot veure a la pàgina 94

Electromagnetisme. Teoria clàssica

Definint

$$\mu_0 \equiv \frac{1}{\varepsilon_0 c^2} \equiv 4\pi \cdot 10^{-7} \quad \left(\frac{N}{A^2}\right)$$

Integrant s'obté la força a causa de la interacció magnètica entre dos circuits arbitraris pels què circula un corrent constant:

$$\vec{F}_2 = \frac{\mu_0}{4\pi} I_2 I_1 \oint \oint d\vec{l}_2 \wedge \frac{d\vec{l}_1 \wedge (\vec{r}_2 - \vec{r}_1)}{|r_2 - r_1|^3}$$

Llei de la força magnètica entre circuits

[Aquesta llei és vàlida sempre i quan els corrents siguin **constants**]

4.4. Inducció magnètica: Llei de *Biot i Savart*

Abans de donar les definicions mitjançant equacions, estudiarem i realitzarem la base matemàtica que ens demostra la llei de *Biot i Savart*.

Per a distribucions volúmiques de càrrega:

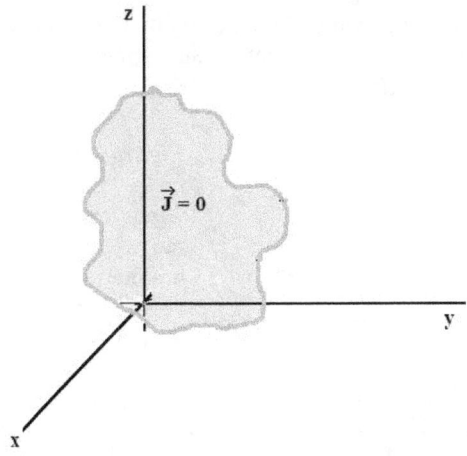

Electromagnetisme. Teoria clàssica

$$d\vec{F} = \frac{1}{4\pi\varepsilon_0 c^2} \cdot \rho(r_1)\vec{v}_2 \wedge \left[\frac{\rho(\vec{r}_2)\vec{v}_1 \wedge (\vec{r}_2 - \vec{r}_1)}{|\vec{r}_2 - \vec{r}_1|^3} \right] dV_1 dV_2$$

Si agafem un exemple de la *Figura 4.1* i treballem les equacions següents:

$$\vec{F}_{12} = \frac{1}{4\pi\varepsilon_0} q_1 q_2 \frac{\vec{v}_2}{c} \wedge \left[\frac{\vec{v}_1}{c} \wedge \frac{\vec{r}_2 - \vec{r}_1}{|r_2 - r_1|^3} \right]$$

$$q_1 \to \rho(\vec{v}_1) dV_1$$

$$q_2 \to \rho(\vec{v}_2) dV_2$$

Relacionant les dues obtenim:

$$\boxed{\vec{F} = \frac{\mu_0}{4\pi} \iiint_{V_1} \iiint_{V_2} \frac{\rho(\vec{r}_2) \wedge [\vec{J}(\vec{r}_1) \wedge (\vec{r}_2 - \vec{r}_1)]}{|r_2 - r_1|^3} dV_1 dV_2}$$

$$\iiint (\ )\vec{J}\, dV = \iiint (\ )\vec{J}\, d\vec{S}\, d\vec{l} = \int (\ )\left(\iint \vec{J}\,\vec{n}\, dS \right) d\vec{l} = \int (\ ) I\, d\vec{l}$$

(#) Amb aquest procediment, demostrem també la **llei de força magnètica entre circuits** vist a l'apartat **4.3. Força entre corrents**.

Si ara treballem amb l'equació (**4.2**), en canvi de tindre una càrrega puntual amb una velocitat, el que estem considerant és una càrrega en un diferencial de volum dV', per tant $q_1 \vec{v}_1 \to dQ_1 \vec{v}_1 = \rho \vec{v}\, dV' = \vec{J}\, dV'$

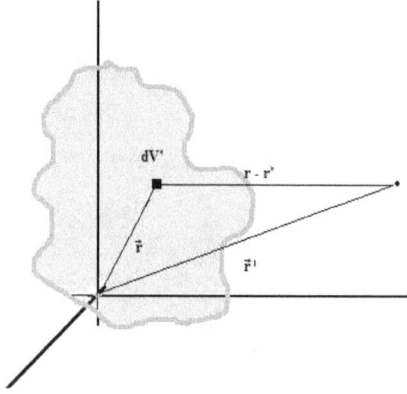

Figura 4.3

Aleshores el camp **B**, **inducció magnètica**, **densitat de flux magnètic** o **camp magnètic**, ve determinat per la llei de *Biot i Savart*.

Les unitats del camp magnètic són les **Tesla** (**T**); $T = \dfrac{W}{m^2} = \dfrac{NS}{Cm}$

Electromagnetisme. Teoria clàssica

$$\vec{B}(\vec{r}) = \frac{\mu_0}{4\pi} \int_V \vec{J}(\vec{r}\,') \wedge \frac{(\vec{r}_2 - \vec{r}_1)}{|r_2 - r_1|^3} dV'$$ *Llei de Biot i Savart*

En aquest tema però, obtenim que $\nabla \vec{J} = 0$ ja què les corrents són estacionàries i recorren trajectòries tancades.

La **llei de *Biot i Savart*** és vàlida per a corrents estacionàries amb divergència nul·la. Per una altra banda, la força ve donada per:

$$\vec{F} = \int \vec{J}(\vec{r}) \wedge \vec{B}(\vec{r}) dV$$

Si combinem aquesta equació amb la llei de *Biot i Savart*, obtenim la **llei de la força magnètica entre circuits**.

4.5. Força de *Lorentz*

Independentment de la llei d'*Ampère*, *Lorentz* va establir la llei que definia la força d'una partícula inmersa en un camp magnètic. D'aquesta manera el camp magnètic es coneix de forma quantitativa i qualitativa. Si en una trajectòria arbitrària la densitat de corrent és $\vec{J} = q\vec{v}\delta(r - r')$ i la substituïm a l'equació de la força que crea la inducció (o la força de *Biot i Savart*) obtenim $\vec{F} = q\vec{v} \wedge \vec{B}$.

Si generalitzem la força en el cas existent d'un camp elèctric, la força que experimenta una partícula inmersa en un camp elèctric i un camp magnètic és:

$$\vec{F} = q(\vec{E} + \vec{v} \wedge \vec{B})$$
Força de Lorentz

Aquesta equació és molt important perquè va ser el nexe, l'inici i el punt d'unió entre l'electricitat i el magnetisme, **l'electromagnetisme**.

A més a més, quan estudiem les ones electromagnètiques, veurem que ens portarà a una equació de *Maxwell*.

Electromagnetisme. Teoria clàssica

La força de *Lorentz* és l'equació que ens defineix el camp elèctric E i el camp magnètic B. D'acord amb aquesta expressió, el camp magnètic no realitza treball sobre una càrrega puntual, ja que la potència és zero:

$$\vec{F}\vec{v} = \vec{v} \wedge \vec{B}\vec{v} = 0$$

Tot i així no és aquest resultat en tots els casos, ja que si considerem el cas de la força magnètica entre dos fils, si que produeix treball.

4.6. Rotacional de l'inducció magnètica. Teorema d'*Ampère*

Per conèixer millor el camp *B*, haurem de trobar la divergència i el rotacional de l'inducció magnètica.

Si comencem amb el rotacional, que és el què ens permetrà enunciar la llei d'*Ampère* tenim que l'inducció magnètica es pot escriure a partir de la llei de *Biot i Savart* com:

$$\vec{B}(\vec{r}) = \frac{-\mu_0}{4\pi} \int_V \vec{J}(\vec{r}\,') \wedge \nabla \frac{1}{|r-r'|} dV' =$$

$$\frac{\mu_0}{4\pi} \int_V \nabla \wedge \frac{\vec{J}(\vec{r}\,')}{|r-r'|} dV' =>$$

Si fem servir:

$$\nabla \wedge (f\vec{a}) = \nabla f \wedge \vec{a} + f \nabla \wedge a \quad \text{(i)}$$
$$\nabla \wedge \nabla \wedge a = \nabla(\nabla a) - \nabla^2 a \quad \text{amb a com un camp qualsevol}$$

$$=> \nabla \wedge \vec{B}(\vec{r}) = \frac{\mu_0}{4\pi} \int_V \nabla \wedge \nabla \wedge \frac{\vec{J}(\vec{r}\,')}{|r-r'|} dV' =$$

$$= \frac{\mu}{4\pi} \nabla \int_V \nabla \frac{\vec{J}(\vec{r}\,')}{|r-r'|} dV' - \frac{\mu}{4\pi} \int_V \nabla^2 \frac{\vec{J}(\vec{r}\,')}{|r-r'|} dV'$$

Si fem servir la relació $\nabla^2 \frac{1}{|r-r'|} = -4\pi \delta(r-r')$ s'obté:

$$\nabla \wedge \vec{B}(\vec{r}) = -\frac{\mu_0}{4\pi} \nabla \int_V \vec{J}(\vec{r}\,') \nabla' \frac{1}{|r-r'|} dV' + \mu_0 \vec{J}(\vec{r})$$

Electromagnetisme. Teoria clàssica

Si a més a més compleix **(i)**, obtenim:

$$\nabla \wedge \vec{B}(\vec{r}) = -\frac{\mu_0}{4\pi} \nabla \int_V \nabla' \frac{\vec{J}(\vec{r}\,')}{|r-r'|} dV' +$$

$$+ \frac{\mu_0}{4\pi} \nabla \int_V \frac{\nabla' \vec{J}(\vec{r}\,')}{|r-r'|} dV' + \mu_0 \vec{J}(\vec{r})$$

La **primera** integral **s'anul·la** si la **superfície** que limita el volum **tendeix a infinit** i la segona **s'anul·la**, si **considerem corrents estacionàries**. Aleshores, si tinguèssim corrents estacionàries tindríem $\nabla \vec{J} = 0$; per tant:

$$\boxed{\nabla \wedge \vec{B} = \mu_0 \vec{J}}$$

Tot i així, si la segona integral no s'anul·la, és a dir, que **no** treballem amb **corrents estacionàries**, tindríem que la densitat de corrent no s'anul·laria, per tant $\nabla \vec{J} = -\frac{\partial \rho}{\partial t} \neq 0$.

Aleshores, substituïnt $\nabla \vec{J} = -\frac{\partial \rho}{\partial t}$ al valor de la segona integral, obtenim la següent equació:

$$\nabla \wedge \vec{B} = \mu_0 \vec{J} + \mu_0 \varepsilon_0 \frac{\partial \vec{E}}{\partial t}$$

4a equació de Maxwell

** *Hem de tenir en compte que el segon terme de la 4a equació de Maxwell s'anul·la si tenim corrents estacionàries i, per tant, continuaria sent vàlida.*

4.6.1. Teorema d'*Ampère*

Def: El teorema d'*Ampère* és l'expressió integral de l'equació del rotacional

Electromagnetisme. Teoria clàssica

$$\nabla \wedge \vec{B} = \mu_0 \vec{J} \rightarrow \oint_S \nabla \wedge \vec{B} \vec{n} \, dS = \boxed{\oint_C \vec{B} \, d\vec{l} = \mu \int_S \vec{J}(\vec{r}) \vec{n} \, dS}$$

Teorema d'*Ampère*

Per arribar al resultat final, hem fet servir el teorema de *Stokes*. Aquesta equació és per a **corrents estacionàries**, només cal veure la notació del rotacional del camp.

El teorema d'Ampère ens proporciona la informació referent a la magnetostàtica i, la circulació per l'inducció magnètica en un circuit, és proporcional al corrent que travessa la superfície limitada pel circuit.
Sempre és útil per a calcular el camp magnètic en casos de gran simetra **(sempre és vàlid però!)**
Si considerem la simetria que estableixi una línia tancada en la què el camp magnètic B és constant en tots els punts (el modul és el mateix) i paral·lel en tota la línia:

$$\oint_C \vec{B} \, d\vec{l} = \vec{B} \oint_C d\vec{l} = \mu_0 I$$

En què I és la intensitat que travessa la superfície limitada per la corba.

4.7. Divergència de l'inducció magnètica.

Abans de parlar-ne, farem el càlcul-demostració de la que serà **la 3a equació de Maxwell**. Si parlem de l'inducció magnètica que esdevé de la llei de *Biot i Savart*:

$$\vec{B}(\vec{r}) = \frac{\mu_0}{4\pi} \int_\infty \frac{\vec{J}(\vec{r}\,') \wedge (\vec{r} - \vec{r}\,')}{|r - r'|^3} dV' \quad ; \text{aleshores:}$$

$$\vec{B}(\vec{r}) = \frac{-\mu_0}{4\pi} \int_V \nabla \left\{ \vec{J}(\vec{r}\,') \wedge \nabla \frac{1}{|r - r'|} \right\} dV' =$$

$$= -\frac{\mu_0}{4\pi} \int_V (\nabla \frac{1}{|r - r'|}) \nabla \wedge \vec{J}(\vec{r}\,') \, dV' - \textit{(s'anul·la)}$$

Electromagnetisme. Teoria clàssica

$$\frac{-\mu_0}{4\pi}\int_V \vec{J}(\vec{r}\,')\nabla\wedge\nabla\frac{1}{|r-r\,'|}dV'=0 \quad \textit{(s'anul·la)}$$

Aleshores obtenim:

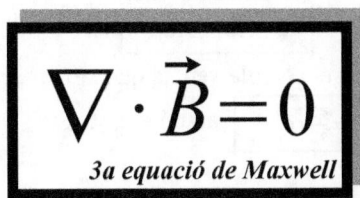

$$\nabla\cdot\vec{B}=0$$
3a equació de Maxwell

La tercera equació de *Maxwell* és la que verifica i demostra matemàticament que les línies d'inducció magnètica no tenen ni principi ni fi, ja que si això no ho complís, la divergència de $\vec{B}$ no seria nul·la.

Al tancar-se sobre si mateixes, no existeix l'equivalent a la càrrega elèctrica, el **monopol magnètic**. (*Això ho observem experimentalment quan tranquem un imàn per la meitat no ens emportem el pol nord per una banda i el pol sud per l'altre, sinó que el que passa és que es torna a crear la polaritat magnètica i es redistribueixen instantàniament per a tornar a crear un pol nord i un pol sud.*)

Són massa les evidències experimentals de que l'equació de la divergència de l'inducció magnètica es compleix en qualsevol circumstància electromagnètica; a més a més, mai s'ha trobat el monopol magnètic.

4.8. Potencial vector

Si partim com sempre, de l'inducció magnètica de *Biot i Savart* i definim:

$$\vec{A}(\vec{r})=\frac{\mu_0}{4\pi}\int\frac{\vec{J}(\vec{r}\,')}{|r-r\,'|}dV' \quad ; \text{aleshores:} \quad \vec{B}=\nabla\wedge\vec{A}$$

i $\vec{A}$ amb unitats de $\dfrac{W_b}{m}$

4.8.1 Divergència del potencial vector

En condicions magnetostàtiques, és a dir, al règim magnetostàtic; obtenim que la

Electromagnetisme. Teoria clàssica

divergència del potencial vector és $\vec{\nabla}\cdot\vec{A}=0$.

Fent servir les relacions del camp $\vec{B}$: $\vec{\nabla}\cdot\vec{B}=0$; $\vec{B}=\vec{\nabla}\wedge\vec{A}$ i, a més a més, $\vec{\nabla}\wedge\vec{B}=\mu_0\vec{J}$; aleshores: $\vec{\nabla}\wedge\vec{B}=\vec{\nabla}\wedge(\vec{\nabla}\wedge\vec{A})=\vec{\nabla}(\vec{\nabla}\vec{A})=$
$=-\nabla^2\vec{A}=\mu_0\vec{J}$ → $\boxed{\nabla^2\vec{A}=-\mu_0\vec{J}}$ què realment ens defineix les components de $\vec{A}$ que el compleixen, ja que la *Laplaciana* només pot definir camps escalars: $\boxed{\nabla^2\vec{A}_i=-\mu_0\vec{J}_i}$ amb i = x, y, z.

4.8.2 Potencial escalar magnètic

En els punts en què la densitat de corrent s'anul·la:

$$\vec{J}=0 \to \vec{\nabla}\wedge\vec{B}=0 \to \vec{B}=-\mu_0\vec{\nabla}\phi_m \quad \text{com què} \quad \vec{\nabla}\cdot\vec{B}=0 \; :$$

$$\boxed{\nabla^2\phi_m=0}$$

ϕ_m compleix amb l'equació de Laplace, per tant, es pot utilitzar l'analogia amb l'electrostàtica per a resoldre problemes amb magnetostàtica a regions on no existeixi densitat de corrent diferent a zero.

A més a més, el flux de $\vec{B}$ que travessa una superfície qualsevol, ve determinat per:

$$\Phi_m = \int_S \vec{B}\vec{n}\,dS = //\text{ aplicant } \vec{B}=\vec{\nabla}\wedge\vec{A}\,// = \int_S \vec{\nabla}\wedge\vec{A}\,\vec{n}\,dS = \oint_C \vec{A}\,d\vec{l}$$

Per tant, podem conèixer aquest fluxe tenint en compte, només, la circulació de $\vec{A}$ al llarg de la trajectòria.

Electromagnetisme. Teoria clàssica

Exemple de camp magnètic

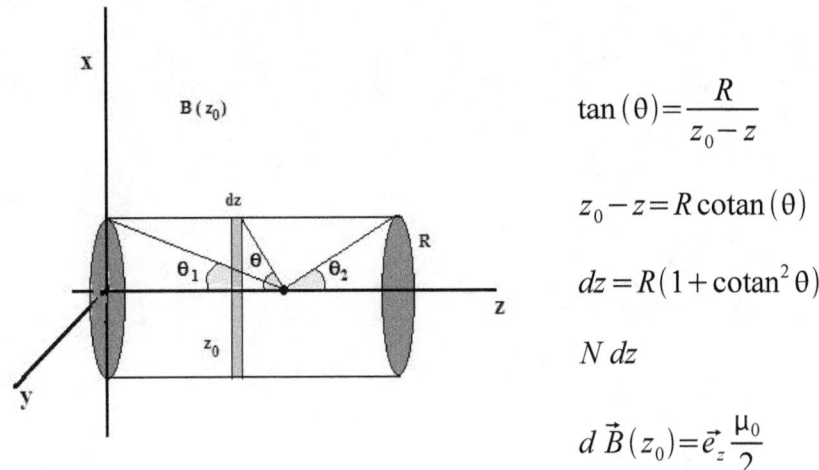

$$\tan(\theta) = \frac{R}{z_0 - z}$$

$$z_0 - z = R \cotan(\theta)$$

$$dz = R(1 + \cotan^2 \theta)$$

$$N\, dz$$

$$d\vec{B}(z_0) = \vec{e}_z \frac{\mu_0}{2}$$

Calculem

$$\vec{B}(z) = \frac{\mu_0 I N}{2} dz \frac{R^2}{(R^2 + z^2)^{3/2}} \quad ;$$

$$\vec{B}(z_0) = \vec{e}_z \frac{\mu_0 I N}{2} \int_0^L \frac{R^2\, dz}{(R^2 + (z_0 - z)^2)^{3/2}} =$$

$$= \vec{e}_z \frac{\mu_0 I N}{2} \int_{\theta_1}^{\pi - \theta_2} \frac{R^2\, R(1 + \cotan^2 \theta)}{R^3(1 + \cotan^2 \theta)^{3/2}}\, d\theta =$$

fent servir que: $\quad 1 + \cotan^2 \theta = \dfrac{\dfrac{1}{\sin^2 \theta}}{\dfrac{1}{\sin^3 \theta}}$

$$= \vec{e}_z \frac{\mu_0 I N}{2} \int_{\theta_1}^{\pi - \theta_2} \sin\theta\, d\theta = \vec{e}_z \frac{\mu_0 I N}{2}(-\cos\theta)\Big|_{\theta_1}^{\pi - \theta_2} =$$

$$= \frac{\mu_0 I N}{2}(\cos\theta_2 + \cos\theta_1)\vec{e}_z = \boxed{\mu_0 I N = \vec{B}(z)}$$

Electromagnetisme. Teoria clàssica

Electromagnetisme. Teoria clàssica

Tema 5.- Magnetostàtica en medis materials

Al tema 5 farem un pas més en l'anàlisi del camp magnètic creat per moviments de càrregues, ja que tindrem en compte les medis materials.

També estudiarem el camp dins de materials magnètics en què tindrem corrents moleculars a causa del moviment dels electrons al voltant del nucli. Es pot interpretar com un sistema planetari i l'electró com una espira que oscil·la al voltant del nucli i que generen un camp magnètic interior i a l'exterior del material (*Mecànica Clàssica*).

No obstant això, a *Mecànica Quàntica*, el moment magnètic a causa dels corrents electrònics, està relacionat amb el moment angular dels electrons mitjançant un factor de proporcionalitat.

Aquí però considerarem el model **clàssic**. Tot i així, la dificultat la trobem amb les càrregues o elements, ja que tenen un moment angular intrínsec que genera un camp magnètic. El seu càlcul esdevé complicat i farem aproximacions com les del tema 3.

Tots els materials tenen camp magnètic, tret dels gasos nobles que són **diamagnètics**.

$$I = \frac{e}{T}$$ En què **T** és el període de rotació

5.1. Desenvolupament multipolar. Dipol magnètic

Considerem un material magnètic i avaluem a un punt molt llunyà d'on es genera aquest camp: *Figura 5.1*

$$\vec{A}(\vec{r}) = \frac{\mu_0}{4\pi} \int \frac{\vec{J}(\vec{r}\,')}{|r-r'|} dV'$$

o en circuits tancats
$$\vec{A}(\vec{r}) = \frac{\mu_0}{4\pi} \oint \frac{d\vec{r}\,'}{|r-r'|}$$

Electromagnetisme. Teoria clàssica

Figura 5.1

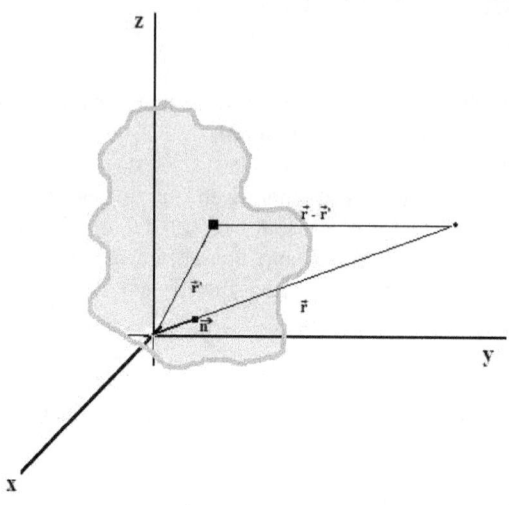

En funció de la geometria trobada, farem servir una funció de potencial vector o una altra per a resoldre els problemes.

Representa que estem a una distància molt llunyana:

$$\frac{1}{|r-r'|}$$

màx $(|\vec{r}\,'|) <<<< |\vec{r}|$

Aleshores si desenvolupem per *Taylor* obtenim:

$$\frac{1}{|r-r'|} \sim \frac{1}{r}\left[1+\frac{\vec{n}\vec{r}\,'}{\vec{r}} - \frac{1}{2}\frac{\vec{r}\,'^2}{\vec{r}^2} + \frac{3(\vec{n}\vec{r}\,')^2}{\vec{r}^2} + ...\right]$$ l'últim terme no ens interessa.

$$\frac{1}{|r-r'|} \sim \frac{1}{r} + \frac{\vec{n}\vec{r}\,'}{\vec{r}^2} + \theta\left(\frac{1}{r^3}\right) + \theta\left(\frac{1}{r^4}\right)$$

$$\vec{A}(\vec{r}) \simeq \frac{\mu_0}{4\pi r}\int \vec{J}(\vec{r}\,')dV' + \frac{\mu_0}{4\pi r^2}\int \vec{J}(\vec{r}\,')(\vec{n}\vec{r}\,')dV'$$

$$\vec{A}(\vec{r}) = \frac{\mu_0 I}{4\pi r}\oint d\vec{r}\,' + \frac{\mu_0 I}{4\pi r^2}\oint (\vec{n}\vec{r}\,')d\vec{r}\,' \rightarrow (*)$$

(*) **Calculant:**

$$d\vec{r}\,'(\vec{n}\vec{r}\,') = \frac{1}{2}(\vec{r}\,' \wedge d\vec{r}\,') \wedge \vec{n} + \frac{1}{2}d[\vec{r}\,'(\vec{n}\vec{r}\,')]$$

Electromagnetisme. Teoria clàssica

$$(*) \to \vec{A}(\vec{r}) \simeq \frac{\mu_0 I}{4\pi r^2}(\frac{1}{2}\oint \vec{r}\,' \wedge d\vec{r}\,') \wedge \vec{n} + \frac{\mu_0 I}{4\pi r^2}(\frac{1}{2}\oint d[\vec{r}\,'(\vec{n}\vec{r}\,')])$$

$$ 0$$

La primera integral no s'anul·la i (**):

(**)
$$\phi(\vec{r}) = \frac{1}{4\pi\varepsilon_0} \int \frac{\rho(\vec{r}\,')}{|\vec{r}-\vec{r}\,'|} dV' \simeq \frac{Q}{4\pi\varepsilon_0} + \frac{1}{4\pi\varepsilon_0}\frac{\rho\vec{r}\,'}{r^3} + ...$$

$$(**)\to \vec{A}(\vec{r}) \simeq \frac{\mu_0}{4\pi r^2}\frac{\vec{m}\wedge\vec{r}}{r} = \boxed{\vec{A}(\vec{r}) = \frac{\mu_0 \vec{m}\wedge\vec{r}}{4\pi r^3}}$$

En què $\vec{m}$ és el moment dipolar magnètic i és el sistema més elemental que produeix $\vec{B}$. Es pot interpretar com la tendència que té un material a què els corrents tinguin una certa direcció en el pla que circulen, perpendiculars al pla del material.

Per tant, podem definir el moment magnètic $\vec{m}$ com:

$$\boxed{\vec{m} \equiv \frac{1}{2}\int \vec{r}\,' \wedge \vec{J}(\vec{r}\,')\,dV'}$$

Aleshores, el **camp magnètic crear per un dipol** serà:

$$\boxed{\vec{B} = \nabla \wedge \vec{A} = \frac{\mu_0}{4\pi}\left(\frac{(3\vec{m}\vec{r})\vec{r}}{r^5} - \frac{\vec{m}}{r^3}\right)}$$

Si definíssim les coordenades esfèriques pel camp magnètic creat per un dipol magètic:

$$B_r = \frac{\mu_0}{4\pi}\frac{2m\cos(\theta)}{r^3}; \quad B_\theta = \frac{\mu_0}{4\pi}\frac{m\sin(\theta)}{r^3}; \quad B_\varphi = 0$$

Aleshores podríem escriure: $\boxed{\vec{B} = -\mu_0 \nabla\left(\frac{\vec{m}\vec{r}}{4\pi r^3}\right) = -\mu_0 \nabla \phi_m}$

Electromagnetisme. Teoria clàssica

Per tant, és fàcil deduir que $\phi_m = \left(\dfrac{\vec{m}\vec{r}}{4\pi r^3} \right)$

És a dir, el camp magnètic d'un dipol magnètic també es pot deduir a partir del gradient d'un **potencial escalar magnètic**. Això serà important amb la presència d'un camp generat per un imàn permanent.

En un dipol magnètic es denomina **pol nord** a la superfície d'on surten les línies d'inducció magnètica i **pol sud** a la superfície on entren les línies.

5.2. Camp creat per un material magnètic

Els medis materials estan formats per àtoms i aquests poden tenir un moment magnètic, ja que els moments magnètics es deuen a les trajectòries dels electrons al voltant dels nuclis i les trajectòries són equivalents a un circuit pel què circula una intensitat.

Això és encarat a la *Mecànica Clàssica*. A la *Mecànica Quàntica* els electrons no tenen una velocitat definida i el seu moment angular (aquest ben definit), és proporcional al moment magnètic. Els moments angulars i magnètics **intrínsecs**, s'anomenen ***spins***.

Si treballem la relació entre el moment magnètic i moment angular:

$$\vec{m} = \dfrac{1}{2}\int \vec{r}\,' \wedge \vec{J}(\vec{r}\,')\, dV' = \dfrac{1}{2}\int \vec{r}\,' \wedge d\vec{r}\,' = I\vec{S}$$

$$\vec{\mu}\,\vec{J}(\vec{r}\,') = \rho\,\vec{v}_q(\vec{r}\,') = q\vec{\dot r}_q \delta(\vec{r}\,' - \vec{r}_q) \quad ; \text{amb}\quad \rho = q\,\delta(\vec{r}\,' - \vec{r}_q)$$

$$\vec{m} = \dfrac{q}{2}\int \vec{r}\,' \wedge \vec{\dot r}_q \delta(\vec{r}\,' - \vec{r}_q)\, dV' = \dfrac{q}{2}\vec{r}_q \wedge \vec{\dot r}_q$$

$$\rho = q\,\vec{l} \qquad\qquad \vec{l} = \vec{r}_q{}'\,\vec{r}_{-q}$$

$$\vec{m} = \dfrac{q}{2m}(\vec{r}_q \wedge m\vec{\dot r}_q) = \dfrac{q}{2m}\vec{C}$$

$\vec{C}$ és un operador adimensional amb $\vec{C} = \hbar\vec{L}$ en què $\vec{L}$ és el moment

Electromagnetisme. Teoria clàssica

angular de la partícula i $\hbar$ és la constant reduïda de *Planck*.[3]

$$\boxed{\vec{m}=\frac{q\hbar}{2m}\vec{L}} \quad \rightarrow \quad \boxed{\vec{m}=\mu_B\vec{L}} \quad \text{En què} \quad \mu_B \quad \text{és el } \boldsymbol{magnetó\ de\ Bohr}$$

Això és general; tot i que el magnetó de Bohr és per a l'electró. Si ho treballèssim amb més profunditat, a cada moment magnètic li correspondria una constant anomenada la **constant giromagnètica**, però el càlcul d'aquesta és complicat si no s'ha estudiat quàntica. Això ja ho veurem al volum de quàntica.

5.2.1. Imantació

Def: Definim la imanació com el moment dipolar magnètic per unitat de volum:

$$\boxed{\vec{M}\equiv\frac{1}{\Delta V}\sum_i\vec{m}_i=\frac{1}{\Delta V}\frac{1}{2}\int_{\Delta V}\vec{r}\wedge\vec{J}\,dV=\frac{d\vec{m}}{dV}}$$

És una variable semblant a la *Polarització* del tema 3. És un camp vectorial d'escala macroscòpica.

5.2.2. Punt exterior

L'objectiu d'aquest apartat és buscar el potencial vector en un punt exterior al material magnètic en l'aproximació dipolar i amb l'absència de corrents lliures: (fent alguns procediments des de l'equació inicial del potencial vector $\vec{A}$):

$$\vec{A}(\vec{r})=\frac{\mu_0}{4\pi}\int_V\frac{\nabla'\wedge\vec{M}(\vec{r}')}{|r-r'|}dV'+\frac{\mu_0}{4\pi}\oint_{S'}\frac{\vec{M}(\vec{r}')\wedge\vec{n}}{|r-r'|}dS'$$

Si definim unes corrents d'imanació

$$\boxed{\vec{J}_M\equiv\nabla\wedge\vec{M}} \qquad \boxed{\vec{k}_M=\vec{M}\wedge\vec{n}}$$

obtenim:

---

[3] La constant reduïda de Planck la veurem amb més deteniment als volums de Termodinàmica i mecànica estadística i, sobretot, a física quàntica. El seu valor és 1.054571628(53) $\times 10^{-34}$ J·S

Electromagnetisme. Teoria clàssica

$$\vec{A}(\vec{r}) = \frac{\mu_0}{4\pi} \int_V \frac{\vec{J}_M(\vec{r}\,')}{|r-r\,'|} dV' + \frac{\mu_0}{4\pi} \oint_{S'} \frac{\vec{k}_M(\vec{r}\,')}{|r-r\,'|} dS'$$

Aleshores, obtenim un camp magnètic:

$$\vec{B}(\vec{r}) = \frac{\mu_0}{4\pi} \int_{S'} \frac{\vec{k}_M(\vec{r}\,') \wedge (\vec{r}-\vec{r}\,')}{|r-r\,'|^3} dS' + \frac{\mu_0}{4\pi} \int_V \frac{\vec{J}_M(\vec{r}\,') \wedge (\vec{r}-\vec{r}\,')}{|r-r\,'|^3} dV'$$

EX:

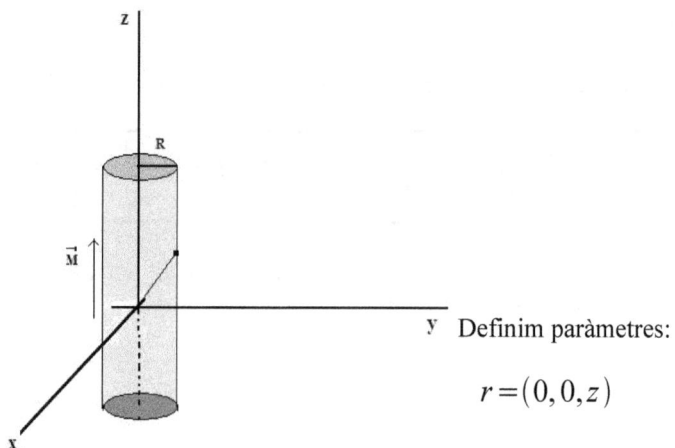

Definim paràmetres:

$$r = (0,0,z)$$

$$r' = (R\cos\varphi, R\sin\varphi, z')$$

$$\vec{r} - \vec{r}\,' = (-R\cos\varphi, -R\sin\varphi, z-z') \qquad |\vec{r}-\vec{r}\,'| = (R^2 + (z-z')^2)^{3/2}$$

$$\vec{k}_M(\vec{r}\,') = \vec{M}(\vec{r}\,') \wedge \vec{n} = M\,\vec{e}_z \wedge \vec{e}_\rho = M\,\vec{e}_\varphi = M(-\vec{e}_x \sin\varphi + \vec{e}_y \cos\varphi) =$$
$$= M(-\sin\varphi, \cos\varphi, 0)$$

$$\vec{e}_\varphi \wedge (\vec{r}-\vec{r}\,') = \begin{vmatrix} \vec{e}_x & \vec{e}_x & \vec{e}_z \\ -\sin\varphi & \cos\varphi & 0 \\ -R\cos\varphi & -R\sin\varphi & z-z' \end{vmatrix} = \vec{e}_x(z-z')\cos\varphi +$$
$$+ \vec{e}_y(z-z')\sin\varphi + \vec{e}_z R$$

Aleshores:

$$\vec{B}(\vec{r}) = \frac{\mu_0 \vec{M}}{4\pi} \int_{S'} \frac{((z-z')\cos\varphi, (z-z')\sin\varphi, R)}{(R^2+(z-z')^2)^{3/2}} R \, d\varphi \, dz =$$

per simetria,

$$= \frac{\mu_0 M \vec{e}_z}{2} \int_{-L/2}^{L/2} \frac{R^2 dz}{(R^2+(z-z')^2)^{3/2}} =$$

$$= \frac{\mu_0 M \vec{e}_z}{2} \left(\frac{z+\frac{L}{2}}{\left(R^2+\left(z+\frac{L}{2}\right)^2\right)^{1/2}} - \frac{z-\frac{L}{2}}{\left(R^2+\left(z-\frac{L}{2}\right)^2\right)^{1/2}} \right)$$

Per tant, tindrem:

$$z' = \frac{L}{2}; \quad \vec{B}(\vec{r}) = \frac{\mu_0 M L}{2R} \vec{e}_z \quad z' = -\frac{L}{2}; \quad \vec{B}(\vec{r}) = \frac{\mu_0 M L}{R} \vec{e}_z$$

5.2.3. Potencial escalar magnètic: Densitat de pols magnètics.

Si mirem l'expressió del potencial magnètic, $\phi_m = \left(\frac{\vec{m}\vec{r}}{4\pi r^3}\right)$; veiem que és la mateixa que en el cas dels dielèctrics. Per tant, el potencial escalar magnètic creat pels moments dipolars magnètics propis continguts en el ΔV per a cada molècula, serà la superposició: $\phi_m = \frac{1}{4\pi} \sum_i \vec{m}_i \frac{\vec{r}-\vec{r}_i}{|r-r_i|^3}$. Aleshores, considerant el canvi amb la imanació i integrant: $\phi_m(\vec{r}) = \frac{1}{4\pi} \int \vec{M}(\vec{r}') \frac{\vec{r}-\vec{r}'}{|r-r'|^3} dV'$.

Si utilitzem el teorema de la divergència, es pot escriure el potencial escalar amb la contribució dels dipols:

$$\phi_m(\vec{r}) = \frac{1}{4\pi} \oint_S \frac{\vec{M}(\vec{r}')\vec{n}}{|r-r'|} dS' - \frac{1}{4\pi} \int_V \frac{\nabla' \vec{M}(\vec{r}')}{|r-r'|} dV'$$

Electromagnetisme. Teoria clàssica

Amb aquesta funció del potencial, podem definir les **densitats dels pols magnètics**:

$$\boxed{\rho_M = -\nabla \vec{M}} \qquad \boxed{\sigma_M = \vec{M}\,\vec{n}}$$

Utilitzarem aquestes densitats per a calcular el camp magnètic mitjançant el potencial:

$$\boxed{\vec{B}(\vec{r}) = \frac{\mu_0}{4\pi} \oint_S \sigma_M(\vec{r}\,') \frac{(\vec{r}-\vec{r}\,')}{|r-r\,'|^3} dS' + \frac{\mu_0}{4\pi} \int_V \rho_M(\vec{r}\,') \frac{(\vec{r}-\vec{r}\,')}{|r-r\,'|^3} dV'}$$

Finalment, obtenim una equació pel camp magnètic que té en compte el camp magnètic generat per les densitats dels pols magnètics i el d'imanació pel propi material. Aquest camp vindrà donat per:

$$\boxed{\vec{B}(\vec{r}) = -\mu_0 \nabla \phi_m(\vec{r}) + \mu_0 \vec{M}(\vec{r})}$$

5.3. Intensitat magnètica

Com hem pogut veure el camp total $\vec{B}$ sorgeix com el resultat de la suma dels efectes a causa dels corrents lliures més els procedents de l'imanació; per tant:

$$\vec{J}_T = \vec{J} + \vec{J}_M$$

D'aquesta manera, el teorema d'*Ampère* es pot reescriure com veurem a continuació, però primer farem els càlculs:

$$\vec{B} = \nabla \vec{A}(\vec{r}) = \frac{\mu_0}{4\pi} \int_{V'} \frac{[\vec{J}(\vec{r}\,') + \vec{J}_M(\vec{r}\,')] \wedge (\vec{r}-\vec{r}\,')}{|r-r\,'|^3} dV'$$

Si existeix $k, \vec{J}, k_M$ i $\vec{J}_M$; aleshores, ara si que podem escriure el teorema d'*Ampère* com:

$$\nabla \wedge \vec{B} = \mu_0 \vec{J}_T = \mu_0 (\vec{J} + \vec{J}_M) \to \nabla \wedge \left(\frac{\vec{B}}{\mu_0} - \vec{M}\right) = \vec{J}$$

Electromagnetisme. Teoria clàssica

Def: Definim el camp $\vec{H}$ com **intensitat de camp magnètic o intensitat magnètica,** definida:

$$\vec{H} \equiv \frac{\vec{B}}{\mu_0} - \vec{M} \quad \text{unitats de } \mathbf{A}/\mathbf{m}$$

Aleshores compleix:

$$\boxed{\nabla \wedge \vec{H} = \vec{J}} \quad \rightarrow \quad (\#) \quad \boxed{\oint_C \vec{H}\, d\vec{l} = \int_S \vec{J}\, \vec{n}\, dS = I}$$

Llei d'Ampère per $\vec{H}$ per a càrregues lliures

(#) S'ha fet servir $\int (\nabla \wedge \vec{H}) d\vec{S}$

Tot i així, la llei d'*Ampère* no implica que el camp H només depengui de la densitat de corrent lliures, si això fos així, no crearia camp magnètic, ja que la densitat de corrent J seria zero. Si fem la divergència del nostre camp tenim:

$$\nabla \vec{H} = -\nabla \vec{M} = \rho_M$$

i d'aquesta manera trobem el camp H:

$$\vec{H}(\vec{r}) = \frac{1}{4\pi} \int_V \rho_M(\vec{r}\,') \frac{\vec{r} - \vec{r}\,'}{|r - r\,'|^3} dV$$

és a dir, la densitat dels pols d'un imàn, són fonts de camp $\vec{H}$.

Electromagnetisme. Teoria clàssica

5.4. Tipus i anàlisi dels materials magnètics

"Quan tenim camps magnètics amb moments magnètics a qualsevol direcció, actúa una força que fa que els moments magnètics tendeixin a orientar-se a la direcció del camp magnètic per generar l'energia mínima."

Def: Definim la **susceptibilitat magnètica** χ_m com un factor adimensional definida per $\vec{M} \equiv \chi_m \vec{H}$. Alguns valors típics de la susceptibilitat magnètica són $2.1 \cdot 10^{-5}$ per l'alumini i $-2.2 \cdot 10^{-5}$ pel diamant.

Aleshores la relació entre camps magnètics serà:

$$\vec{B} = \mu_0(\vec{H} + \vec{M}) = \mu_0(1 + \chi_m)\vec{H} = \mu \vec{H}$$

en què $\mu = \mu_0 \mu_r = \mu_0(1+\chi_m)$ és la **permeabilitat del medi**. Tal i com passava als dielèctrics, χ_m pot ser una constant, una matriu o una funció depenent del camp.

EX:

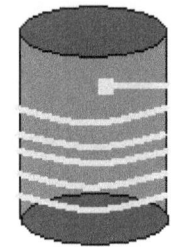

Considerem un cilindre sense imanar:

$$\vec{B} = \mu_0 \vec{H} \;;\; H = \frac{1}{4\pi} \int \frac{\vec{J}(\vec{r}\,') \wedge (\vec{r} - \vec{r}\,')}{|r - r'|^3} dV' +$$

$$+ \frac{1}{4\pi} \int \frac{\vec{k}(\vec{r}\,') \wedge (\vec{r} - \vec{r}\,')}{|r - r'|^3} dS - \nabla \phi_m(\vec{r})$$

Aleshores:

$$\frac{I}{4\pi} \int \frac{d\vec{r}\,' \wedge (\vec{r} - \vec{r}\,')}{|r - r'|^3} \rightarrow \phi_m = \frac{1}{4\pi} \int \frac{\rho_m(\vec{r}\,')}{|r - r'|} dV' + \frac{1}{4\pi} \int \frac{\sigma_m(\vec{r}\,')}{|r - r'|} dS'$$

A l'instant en què apareix χ_m, $\vec{M}$ i $\vec{H}$ començaran a aliniar-se; però això no significa que siguin paral·lels, això dependrà de **LIU** i les respectives combinacions dels materials (les vuit combinacions possibles amb les permutacions.

Electromagnetisme. Teoria clàssica

Els materials magnètics es poden classificar en:

5.4.1. Materials <u>diamagnètics</u>

Def: Definim material diamagnètic si la imanació és oposada a $\vec{H}$. La susceptibilitat magnètica és negativa i molt petita ($\chi_m \ll 0 \, ; \chi_m \sim -10^{-5}$) a la majoria de casos. Els moments magnètics no són permanents sinó **induïts**.

Existeix l'excepció del diamagnètic perfecte, en què la susceptibilitat magnètica pot valdre el valor extrem de $\chi_m = -1$. Això implica que $\vec{B} = \mu(\vec{H} + \vec{M}) = 0$ i esdevé un material **superconductor**, ja què el seu camp magnètic interior val zero a causa de que no deixa passar les línies d'inducció magnètica.

El superconductor succeeix quan la resistència elèctrica, R(T) és zero:

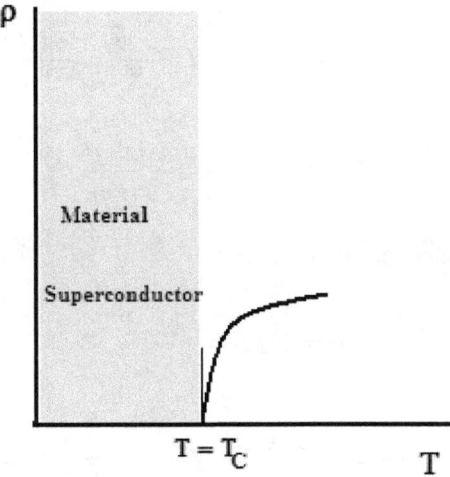

Si sortim i tornem al diamagnetisme "imperfecte", observem que el moviment deriva de l'òrbita circular dels electrons i que aquests no modifiquen el seu radi. Aquest comportament es pot deduir a partir de la *Força de Lorentz* $(q\vec{v} \wedge \vec{B})$; ja que si la velocitat angular és antiparal·lela al camp magnètic, sorgeix una força magnètica centrífuga que, si maté el radi de l'òrbita, la velocitat linial es redueix i en conseqüència el mòdul del moment magnètic també.

Electromagnetisme. Teoria clàssica

Ara, si la velocitat angular és paral·lela al camp magnètic B, sorgeix una força centrípeta que augmenta la velocitat linial i el mòdul del moment magnètic.

En els dos casos, la variació del moment magnètic és antiparal·lela del camp B.

A continuació realitzarem l'estudi matemàtic de les darreres afirmacions.

$$m\omega_0^2 R = \frac{-ze^2}{4\pi\varepsilon_0 r^2}$$

$$m\omega_0^2 R + |e|\omega R B = m\omega^2 R$$

l'electró, rota molt més ràpid

$$\frac{e\omega B}{m} = (\omega^2 - \omega_0^2) = (\omega + \omega_0)(\omega + \omega_0) \rightarrow \frac{|e|\omega B}{m} = 2\Delta\omega\omega$$

$$\frac{|e|B}{2m} = \Delta\omega \quad \text{Aleshores, la intensitat:} \quad I = \frac{-|e|}{\tau} = \frac{-|e|\omega}{2\pi} \quad ;$$

$$\Delta I = \frac{-|e|\Delta\omega}{2\pi} = \frac{-|e^2|B}{4\pi m}$$

L'increment del moment magnètic m serà:

$$\Delta m = \Delta I S = \frac{-|e^2|B}{4\pi} R^2$$

Per tant: $\quad M = N\Delta m = \dfrac{-|e^2|N\mu_0 R^2}{4m} H \rightarrow \quad \boxed{\chi_m = \dfrac{-N|e^2|\mu_0}{4m} R^2}$

Com hem dit amb anterioritat, la susceptibilitat és un paràmetre adimensional.

El diamagnetisme és una propietat de les molècules amb càrregues negatives respecte les positives. El simbol negatiu de l'expressió de la susceptibilitat magnètica ja ens indica que és inferior a zero (la càrrega està en valor absolut i la distància sempre és positiva).
Si possem un exemple numèric de dades per a la susceptibilitat dels materials

diamagnètics:

$$R \sim 10^{-10} m; \quad N := \text{densitat de partícules} \sim 10^{29} V^{-1}; \quad e = -1.6 \cdot 10^{-19} C;$$

$$\mu_0 = 4\pi \cdot 10^{-7}; \quad m = 9 \cdot 10^{-31}$$

Aleshores el valor de la susceptibilitat magnètica serà: $\boxed{\chi_m = -0.88 \cdot 10^{-5}}$

5.4.2. Materials paramagnètics

Def: Els materials són paramagnètics si la imanació està en la direcció del camp $\vec{H}$. El valor absolut de χ_m és molt petit, però els moments magnètics individuals s'orienten a la direcció del camp. χ_m és positiva i depèn de a temperatura.

5.4.3. Materials ferrimagnètics

Def: Definim els materials ferrimagnètics quan el moment magnètic dels àtoms veïns, són antiparal·lels, però de magnitud diferent i la magnitud resultant, no s'anul·la.

5.4.4. Materials ferromagnètics

Def: Els materials són ferromagnètics si hi ha una imanació no nul·la amb camp nul. La χ_m és positiva i elevada.

Si observem dins l'interacció clàssica entre moments magnètics, la temperatura de transició de ferromagnètic a paramagnètic és petita perquè la interacció magnètica és més fluixa que l'elèctrica.

Si observem des del punt de vista quàntic, a causa del principi d'exclusió de *Pauli*, si dos electrons tenen spín paral·lel, no poden estar al mateix lloc, la repulsió de *Coulomb* és menor i l'estat (triplet) té menys energia que quan són antiparal·lels (estat de singlet). Si suposem l'interacció quàntica, la transició de ferromagnètic a paramagnètic és major i concorda amb resultats experimentals.
Juntament amb els materials ferromagnètics, es troba el fenòmen del **cicle**

Electromagnetisme. Teoria clàssica

d'histèresi del material.

El cicle d'histèresi el veiem representat a la ***Figura 5.2***

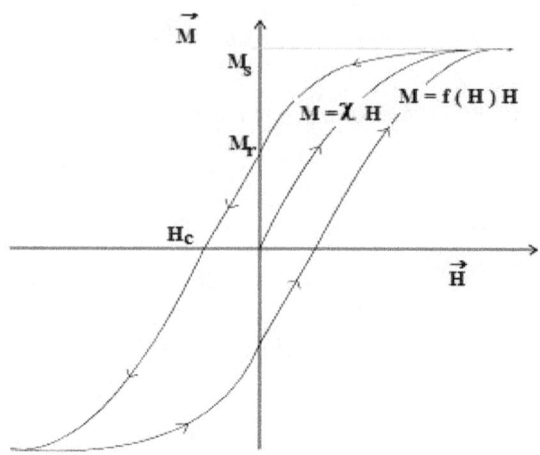

M_s: Imanació de saturació ; M_r: Imanació remanent ; H_c : *Camp coercitiu*

"Si augmenta H també augmentarà el camp magnètic B, però quan B augmenta molt, s'arriba a la imanació de saturació amb tots els moments magnètics alineats amb B. S'observa que la imanació no disminueix com el camp H i quan $\vec{H}=0$, existeix un moment magnètic per element de volum no nul anomenat imanació remanent.

Observem que el punt en què $\vec{M}=0$, el camp H pren el nom de camp coercitiu."

Els imans que tenen una forta imanació són els **imans durs** i si la *imanació remanent* és petita, són **imans tous.**

5.4.5. Materials antiferromagnètics

Def: Definim els materials antiferromagnètics com els materials magnètics que els seus moments magnètics d'àtoms veïns són antiparal·lels, però la imanació total s'anul·la en sentit macroscòpic.

Electromagnetisme. Teoria clàssica

"Segons la física estadística clàssica, es demostra que no hi han materials magnètics; o d'una altra manera, que el moment magnètic total del resultat del camp magnètic és nul. Per treballar els materials magnètics més a fons i correctament, cal recórrer a la física quàntica."

5.5. Condicions de frontera del camp B i H

De la mateixa manera que vam fer al tema 3 amb les condicions de frontera del camp E i D, podem utilitzar les expressions de la magnetostàtica per a les condicions de les components normals i tangencials de $\vec{B}_1$ i $\vec{B}_2$. Si ho treballem com al tema 3:

$$\nabla \vec{B} = 0 \quad ; \quad \int \vec{B} d\vec{S} = 0$$

$$\vec{B}_1 \vec{n} \Delta S - \vec{B}_2 \vec{n} \Delta S \rightarrow$$

$$\rightarrow \boxed{B_{1n} = B_{2n}}$$

$$\oint \vec{H} d\vec{l} = I \quad \text{Llei d'}Ampère \text{ per H}$$

$$\vec{H}_1 \Delta \vec{l} - \vec{H}_2 \Delta \vec{l} = \vec{k} \frac{\vec{n} \wedge \Delta \vec{l}}{\Delta l} \Delta l$$

Per construcció $\vec{k} \perp \vec{n}$ $\qquad \vec{k} = \vec{k}_{//} + \vec{k}_\perp$

Amb la combinació de les dues darreres obtenim:

$$\vec{H}_1 \Delta \vec{l} - \vec{H}_2 \Delta \vec{l} = \vec{k} \vec{n} \wedge \Delta \vec{l} = \Delta \vec{l} (\vec{k} \wedge \vec{n})$$

$$\{\vec{k}, \vec{n}, \Delta \vec{l}\} = \{\Delta \vec{l}, \vec{k}, \vec{n}\}$$

Electromagnetisme. Teoria clàssica

Si tenim un vector // a la superfície:

$$(\vec{H}_1 - \vec{H}_2 - \vec{k} \wedge \vec{n}) \Delta \vec{l} = 0 \quad \rightarrow \quad \text{Si igualem la primera a zero:}$$

$$\vec{H}_1 - \vec{H}_2 = \vec{k} \wedge \vec{n}$$

$$\boxed{\vec{n} \wedge (\vec{H}_1 - \vec{H}_2) = \vec{k} \quad \rightarrow \quad H_{1T} - H_{2T} = k}$$

Si no existeixen corrents lliures :

$$\vec{n} \wedge (\vec{H}_1 - \vec{H}_2) = 0 \qquad\qquad H_{1T} = H_{2T}$$

La discontinuïtat del camp H en la direcció tangencial, és proporcional a la densitat de corrent superficial.

5.6. Circuits magnètics

Si considerem un Toroïde construit per un material magnètic com a nucle de permeabilitat magnètica molt elevada i envoltat exteriorment per una bobina per la què pot passar-ne una intensitat I:

Figura 5.3: Toroïde

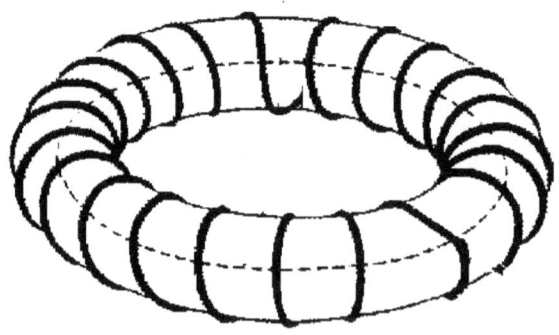

Definim els paràmetres següents: **Segons la llei d'*Ampère*:**

$nI :=$ Força magnetomotriu

Electromagnetisme. Teoria clàssica

$$\oint \vec{H} \, d\vec{l} = \vec{n} I$$

$$\int \frac{dl}{\mu S} := \text{Reluctància} := \Re$$

$$\int H \, dl = n I \qquad \int \frac{B}{\mu} dl = n I$$

$\phi_m :=$ Flux magnètic

Aleshores, amb les dues últimes:

$$\phi \oint \frac{dl}{\mu S} = n I \quad \rightarrow \quad \phi_m \Re = n I$$

Aleshores, per a circuits, tenim les següents lleis:

$$\phi_{mT} = \sum_i \phi_{mi} = \frac{n I}{\Re_T} = \sum_i \frac{n I}{\Re_i}$$

Sèrie   **Paral·lel**

$$\sum_i \Re_i = \Re_T \qquad\qquad \sum_i \frac{1}{\Re_i} = \frac{1}{\Re_T}$$

Electromagnetisme. Teoria clàssica

Electromagnetisme. Teoria clàssica

Tema 6.- Camps de variació lenta

Als capítols anteriors, hem estudiat els camps elèctrics i els camps magnètics per separats. A més a més, en els estudis que hem realitzat, cap variable depenia del temps. Això ho sabíem perquè a electrostàtica les càrregues estan en repòs i a magnetostàtica els corrents eren estacionàris.

Aleshores, amb una densitat de càrrega ρ constant en el temps, les equacions més importants que hem treballat fins ara són:

Llei de *Gauss*, electrostàtica: $\quad \nabla \vec{E} = \dfrac{\rho}{\varepsilon_0}$

Electrostàtica: $\quad \nabla \wedge \vec{E} = 0$

Magnetostàtica: $\quad \nabla \vec{B} = 0$

Llei d'*Ampère*, magnetostàtica: $\quad \nabla \wedge \vec{B} = \mu_0 \vec{J}_T$

Si ara comencem a realitzar un estudi, tenint en compte que alguna magnitud varïi en el temps, podríem rumiar que de la mateixa manera que les càrregues en moviment generen camp magnètic, els imans en moviment poden generar camp elèctric.

Faraday sobre el segle XIX, va treballar i solucionar aquest aspecte fent que les equacions dels dos camps en situacions estàtiques no han de perquè ser vàlides en un sistema electromagnètic, de correts i densitats de càrrega, que evolucioni en el temps.

Seguidament, les equacions per a modificar-les amb una variació temporal lenta en camps de **baixa freqüència**. Aleshores, les dimensions del dispositiu físic que s'estudia, ha de ser molt més petit que la fracció de la velocitat de la llum entre la freqüència (aleshores parlarem de la **longitud d'ona**).

Electromagnetisme. Teoria clàssica

6.1. Inducció electromagnètica: Llei de *Faraday*

6.1.1. Força electromotriu

Def: Definim la força electromotriu (*fem*), com la integral de la força per unitat de càrrega al llarg d'un circuit tancat. La *fem*, realment no és una força (tampoc té les unitats corresponents d'una) i segons les definicions d'electrostàtica, es pot formular com:

$$\varepsilon \equiv \oint \vec{E}_{ef} \, d\vec{l}$$

Definint $\vec{E}ef$ com el camp elèctric efectiu

6.1.2. Llei de *Faraday*

A principis de segle XIX *Faraday* va observar experimentalment que, en un circuit sorgeix una *fem* als casos següents:

i) **Quan un circuit es mou**
ii) **Quan es mou un imàn**
iii) **Quan la intensitat varia amb el temps**
iv) **Quan un disc metàlic gira en presència d'un camp magnètic que el travessa.**

Def: Definim la llei de *Faraday* com la força electromotriu induïda en un circuit, és proporcional a la variació del flux magnètic en la superfície que el circuit limita:

$$\boxed{\varepsilon = -\frac{d\phi_m}{dt}} \quad \leftrightarrow \quad \boxed{\oint_C \vec{E}\, d\vec{l} = -\frac{d}{dt}\int_S \vec{B}\vec{n}\, dS} \quad (6.1)$$

Els experiments de *Faraday*, es poden explicar amb el seu enunciat o la seva llei; tret de l'apartat **iv)**. El problema d'aquest experiment és que el flux magnètic no ha de perquè variar i, per tant, la *fem* no es podria definir com la variació del flux anomenat.

Per aquest motiu, veurem més endavant que la *fem* no sempre sorgeix amb la necessitat de variacions al flux magnètic.

Electromagnetisme. Teoria clàssica

El símbol negatiu que observem a l'expressió (6.1), és fonamental i és l'anomenada **Llei de *Lenz***. Aquest símbol reflexa la relació del sistema davant la pertorbació que produeix el canvi de flux, serveix per a determinar el sentit de la *fem*.

Si el flux magnètic augmenta en la superfície que limita el circuit, s'indueix una intensitat que crea un camp magnètic de sentit contrari al camp extern per evitar que el flux augmenti. Si el flux magnètic disminueix, la intensitat induïda genera un camp en el mateix sentit.
Si això no passés així, no es complirien les lleis de conservació de l'energia i, a més a més, obtindríem energia infinita.

La fórmula (6.1) és amb l'expressió que es basa l'energia elèctrica del món (un 98 %).

Aquest el podem separar en dos opcions dins la llei de *Faraday*.

6.1.3. Llei de *Faraday* en un sistema en repòs

Considerant un circuit en repòs i utilitzant el teorema d'Stokes, tenint en compte que l'únic que varia és el flux magnètic temporal i amb superfície arbitrària:

$$\oint \vec{E}\, d\vec{l} = -\frac{d}{dt}\int_S \vec{B}\,\vec{n}\,dS \to \int_S \nabla \vec{E}\,\vec{n}\,dS = -\int_S \frac{\partial \vec{B}}{\partial t}\vec{n}\,dS \quad \text{Tenim:}$$

$$\boxed{\nabla \wedge \vec{E} = -\frac{\partial \vec{B}}{\partial t}}$$
2a equació de Maxwell

Amb la segona equació de *Maxwell* substituïm a la d'abans, que ja que no hi havia variació de flux respecte el temps i ens donava zero. A més a més, no podem deduir el camp elèctric a partir del gradent d'un camp escalar. Caldrà distingir entre diferència de potencial i voltatge entre dos punts. Aleshores la diferència de potencial serà la **variació del potencial escalar**, tot i que amb presència de camps

Electromagnetisme. Teoria clàssica

magnètics no tenen importància. En canvi, agafa molt de protagonisme el voltatge que és la **integral del camp elèctric entre dos punts.**

6.1.4. Llei de *Faraday* en sistemes en moviment

Si un circuit es mou d'una superfície a una altra en un instant diferencial de temps (de *t* a *t* + *dt*), la variació de fluxe, treballant-lo una mica prèviament, tenim:

$$\oint_C \vec{E}\,'d\vec{l} = -\frac{d\phi_m}{dt} = \oint_C [\vec{v}\wedge\vec{B}(t+dt)]d\vec{l} - \int_{S_1} \frac{\partial \vec{B}}{\partial t}\vec{n}\,dS \rightarrow$$

$$\rightarrow \oint_C [\vec{E}\,' - \vec{v}\wedge\vec{B}]d\vec{l} = -\int_{S_1} \frac{\partial \vec{B}}{\partial t}\vec{n}\,dS \quad \text{Aplicant el teorema d'}Stokes\text{:}$$

$$\nabla\wedge[\vec{E}\,' - \vec{v}\wedge\vec{B}] = -\frac{\partial \vec{B}}{\partial t}$$

Si comparem la darrera equació amb la segona de *Maxwell*:

$$\vec{E}\,' = \vec{E} + \vec{v}\wedge\vec{B}$$

Equació de transformació de camps elèctrics per canvi de sistema de referència si la velocitat és baixa.

Aquests dos casos, són les dues úniques possiblitats de la llei de *Faraday*. Si els casos de variació del flux no es poden explicar amb la segona de *Maxwell* ni amb la força de *Lorent*, no existeix la *fem* induïda i parlaríem de les limitacions de la llei de *Faraday*.

6.2. Limitacions de la llei de *Faraday*

La llei de *Faraday* no té una validesa general, ja que s'han trobat algunes excepcions que no es compleix. Aquests casos es poden classificar en les dues categories que veurem a continucació:

Electromagnetisme. Teoria clàssica

- **Deformació no contínua de circuit:**

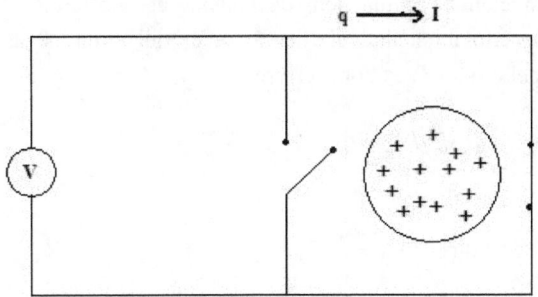

Les càrregues interaccionen amb les altres i el flux magnètic no varia, aleshores no produeix *fem*.

- **Circuit indeterminat**

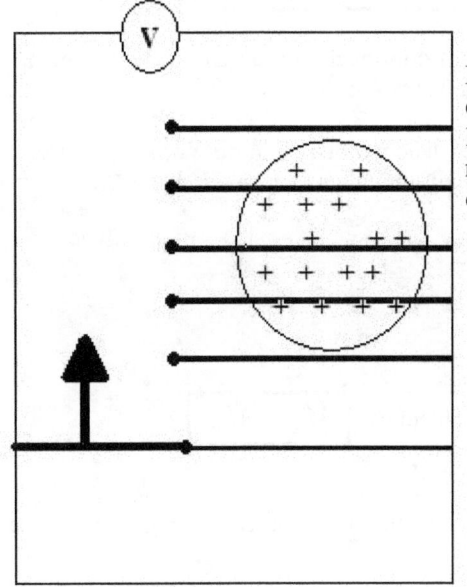

Existeix variació de flux però no existeix la força electromotriu perquè la variació del camp magnètic és nul·la i la força de *Lorentz* tampoc existeix.

6.3. Inductància mútua i autoinductància

Per trobar l'expressió de la inductància mútua hem de considerar dos circuits c_1 i c_2 pels què circula una certa intensitat, el flux a través del circuit 2 a causa del camp magnètic creat pel circuit 1, es pot escriure:

$$\phi_{21} = \int_{S_1} \vec{B}_1 \vec{n}_2 dS_2 = \int_{S_2} \nabla \wedge \vec{A}_1 \vec{n}_2 dS_2 = \oint_{c_2} \vec{A}_1 dl_2 =$$

$$= \frac{\mu_0}{4\pi} I_1 \oint_{c_2} \oint_{c_1} \frac{dl_2 dl_1}{|r_2 - r_1|} \quad ; \text{és a dir} \quad \phi_{21} = M_{21} I_1$$

en què hem definit:

$$\boxed{M_{21} = \frac{\mu_0}{4\pi} \oint_{c_2} \oint_{c_1} \frac{dl_2 dl_1}{|r_2 - r_1|}}$$

com la **inductància mútua o coeficient d'inducció mútua** entre circuits i només depèn de la geometria dels circuits i de la seva posició relativa.

A l'equació de la inductància mútua es denomina **equació de *Neumann*.** La seva unitat de mesura és la mateixa que la de l'autoinductància, els *Henry (H)*.

Aleshores, el flux en el circuit 1 a causa del camp creat pel circuit dos és:

$$\phi_{12} = M_{12} I_2$$

Finalment, per l'equació de *Neumann* obtenim: $\boxed{M_{21} = M_{12}}$

Si existeix una variació d'intensitat en el circuit 1 i de camp magnètic al 2, la força electromotriu serà:

$$\varepsilon = \oint_{c_2} \vec{E} d\vec{l} = -\frac{d\phi_{21}}{dt} = -M_{21} \frac{dI_1}{dt}$$

Electromagnetisme. Teoria clàssica

Aleshores, com cada circuit és travessat pel seu propi flux, la intensitat contribuirà com:

$$\phi_m = L I \quad ; \quad L = \frac{\mu_0}{4\pi} \oint_c \oint_c \frac{dl_2 dl_1}{|r_2 - r_1|}$$

en què definim **L** com *inductància* o *autoinductància*, que com hem dit, també es mesura amb *Henry*.

6.4. Energia magnètica de circuits acoblats.

Si considerem el cas d'una espira rígida per la què circula una intensitat I i li apliquem un camp magnètic $\vec{B}$, s'ha de subministrar una potència $-\varepsilon I$ per contrarrestar la *fem*. L'energia que subministrarem serà:

$$\frac{dW_b}{dt} = -I \oint \vec{E} \, d\vec{l} = I \frac{d}{dt} \int_S \vec{B} \vec{n} \, dS \quad ** \rightarrow dW_b = I \, d\phi_m$$

**Aplicant la llei de *Faraday*

6.4.1. Camp extern

Si en el nostre circuit la intensitat és constant, l'energia subministrada és:

$$W_b = I \int_S \vec{B} \vec{n} \, dS = I \int_S (\nabla \wedge \vec{A}) \vec{n} \, dS = I \oint \vec{A} \, dl$$

Si el circuit, a més a més de rígid, és estacionari, no hi ha treball mecànic, aleshores el camp extern condiciona amb l'energia magnètica:

$$W_m = I \oint_c \vec{A} \, d\vec{l} = I \phi_m$$

Això succeeix sempre i quan el medi no es trobi en cicle d'histèresi.

Electromagnetisme. Teoria clàssica

6.4.2. Camp a causa de les pròpies espires

El camp magnètic a causa de les pròpies espires, és lleugerament diferent. Com en certa manera cada espira crea el seu camp; el canvi d'energia del conjunt de circuits serà:

$$dW_b = \sum_i I_i d\phi_{m_i} = dW_m$$

La darrera igualtat de l'equació, només és vàlida si els circuits estan en repòs (no energia mecànica). Si el flux ve condicionat per l'autoinductància del sistema, tindrem:

$$dW_b = \sum_i I_i \sum_j M_{ij} dI_j$$

En medis linials, el flux és proporcional a les intensitats i l'energia no depèn de com s'arriba al valor final. Aleshores si integrem aquesta equació per obtenir la variació de l'energia des de I = 0 a I final, obtenim la següent expressió, que en el cas de circuits estàtics, és igual a l'energia magnètica:

$$dW_m = \frac{1}{2}\sum_i I_i \phi_i = \frac{1}{2}\sum_i I_i \oint_{c_i} \vec{A}\cdot d\vec{l} = \frac{1}{2}\sum_i \sum_j M_{ij} I_i I_j \quad (6.2)$$

Si miréssim l'energia magnètica de cada circuit, que generen un corrent diferent en ells, obtenim per al primer circuit: $W_m = \frac{1}{2} L I^2$.

Si féssim cada un dels circuits, un cop ho trobéssim tot i suméssim, obtindríem l'expressió **(6.2)**.

6.5. Energia en funció del camp

A continuació, farem un estudi matemàtic per a trobar i demostrar que l'energia també va en funció del camp.

Considerem una distribució arbitrària de corrent, l'equació que hem obtingut amb anterioritat, la (6.2); es pot escriure de la següent manera:

Electromagnetisme. Teoria clàssica

$$W_m = \frac{1}{2} \int \vec{J} \vec{A} \, dV$$

Ara, abans de continuar, hem de tenir en compte certes propietats vectorials:

$$\nabla(\vec{H} \wedge \vec{A}) = \vec{A}(\nabla \wedge \vec{H}) - \vec{H}(\nabla \wedge \vec{A})$$

Aleshores tenim:

$$W_m = \frac{1}{2} \int \vec{J} \vec{A} \, dV = \frac{1}{2} \int (\nabla \wedge \vec{H}) \vec{A} \, dV = \frac{1}{2} \int \vec{H} \nabla \wedge \vec{A} \, dV +$$

$$+ \frac{1}{2} \int \nabla(\vec{H} \wedge \vec{A}) \, dV = \frac{1}{2} \int \vec{H} \cdot \vec{B} \, dV + \frac{1}{2} \oint_S (\vec{H} \wedge \vec{A}) \vec{n} \, dS$$

Si el volum d'interacció és suficientment gran i la densitat de corrent J està limitada en un volum finit; la integral de superfície tendeix a zero:

$$\boxed{W_m = \frac{1}{2} \int \vec{H} \vec{B} \, dV} \quad (6.3)$$

6.5.1. Energia perduda en un cicle d'histèresi

En cicle d'histèresi en el medi en què el material ferromagnètic es troba, si el circuit del material no es mou, la variació d'energia és:

$$\delta W_m = I \delta \phi = I \delta \oint \vec{A} \, d\vec{l}$$

Aleshores podem deduir fàcilment:

$$\delta W_m = \int \delta \vec{A} \vec{J} \, dV = \int \vec{H} \delta \vec{B} \, dV$$

En què el factor $\vec{H} \delta \vec{B}$ és el de la corva de superficie del cicle d'histèresi.

Per tant, l'energia perduda en un cicle d'histèresi, és proporcional a la superfície en el diagrama (H, B)

En el cas particular d'un medi linial, tornem a obtenir (6.3)

Electromagnetisme. Teoria clàssica

6.6. Força magnètica

Si una part de l'energia consumida es fa servir com energia mecànica (el circuit es desplaça), aleshores per conservació d'energia:

$$\vec{F}\,d\vec{r} + dW_m = dW_b$$

Aleshores, si tenim en compte l'expressió inicial de $dW_b = \sum_i I_i\,d\phi_{m_i}$ per a contrarrestar la *fem*; obtenim:

$$\vec{F}\,d\vec{r} = dW_b - dW_m = \frac{1}{2}\sum_i I_i\,d\phi_{m_i} = dW_m$$

Aleshores la força serà: $\boxed{F = (\nabla W_m)_I}$ *El subíndex de I indica que en aquesta operació I és constant. Això ho veurem molt al llibre de termodinàmica.

Si no tenim resistència òhmica (superconductor, ...) $d\phi = 0$ (perquè si fos diferent de zero, tindríem una intensitat infinita) aleshores el flux es manté constant, no hi ha *fem* i, per tant, les bateries no subministren energia $\rightarrow dW_b = 0$; per tant:

$$\vec{F}\,d\vec{r} + dW_m = 0 \quad \rightarrow \quad \vec{F}\,d\vec{r} = -dW_m \quad \rightarrow \quad F = -(\nabla W_m)_\phi$$

"Dóna el mateix resultat per a la força magnètica si considerem el flux o la intensitat constant; cas contrari del que ens passava amb l'energia magnètica."

Electromagnetisme. Teoria clàssica

Electromagnetisme. Teoria clàssica

Electromagnetisme. Teoria clàssica

Tema 7.- Camps electromagnètics

Al tema 2 i 5, hem treballat el camp elèctric i el magnètic com magnituds físiques diferents, generades per fonts de camps diferents. Al tema 6, hem treballat un pocés depenent del temps i hem observat la relació existent entre un camp elèctric (no irrotacional) i un camp magnètic variable amb el temps.

La relació entre aquests la va culminar **James Clerk Maxwell** amb les equacions que portaven el seu nom: les equacions de *Maxwell*. Aquestes equacions eren les equacions importants que havíem vist tant en camps magnètics com en camp elèctrics però en coordenades espai-temps. El punt central va ser la formulació de la llei d'*Ampère* generalitzada al cas de corrents no estacionàries amb el concepte de corrent elèctrica sense transportar càrrega.

7.1. Corrent de desplaçament

Les equacions que hem vist fins el moment amb el camp elèctric i el camp magnètic, són les que vam veure a l'inici del tema anterior:

Llei de *Gauss*, electrostàtica: $\nabla \vec{D} = \rho$

Llei de *Faraday*: $\nabla \wedge \vec{E} = -\dfrac{\partial \vec{B}}{\partial t}$

Magnetostàtica: $\nabla \vec{B} = 0$

Llei d'*Ampère*, magnetostàtica: $\nabla \wedge \vec{H} = \vec{J}$

Ja estan demostrades, però quan les càrregues es mouen i la densitat de càrrega depèn del temps, no justifiquen la seva validesa. Encara que, és possible i viable considerar-les vàlides en qualsevol situació, però en el següent cas poden ser molt contradictòries.

Si fem:

$$\nabla \cdot \nabla \wedge \vec{H} = 0 = \nabla \cdot \vec{J}$$

i en condicions no estacionàries:

$$\nabla \cdot \vec{J} = -\dfrac{\partial \rho}{\partial t} = 0$$

Electromagnetisme. Teoria clàssica

Però si la llei d'*Ampère* li afegim, per simetria, entre E i B, el terme següent:

$$\nabla \wedge \vec{H} = \vec{J} + \frac{\partial \vec{D}}{\partial t} = \vec{J} + \vec{J}_D$$

Si avaluem a la divergència i apliquem la llei de *Gauss*:

$$\nabla \cdot \nabla \wedge \vec{H} = 0 = \nabla \cdot \vec{J} + \nabla \cdot \frac{\partial \vec{D}}{\partial t} = (\nabla \vec{J} + \frac{\partial \rho}{\partial t}) = 0$$

Per tant ja és correcta. *Maxwell* va fer aquesta hipòtesis i va dir que les altres tres equacions ja estaven suficientment treballades i no calia modificar-les. Al terme de l'equació anterior $\frac{\partial \vec{D}}{\partial t}$ l'anomenem **densitat de corrent de desplaçament**.

7.1.1. Conseqüències de l'equació de continuitat

"La càrrega total d'un sistema aïllat, ni es crea ni es destrueix, només es transforma."

Això ho veiem escrit amb forma d'expressió a l'equació de continuitat:

$$\nabla \vec{J} + \frac{\partial \rho}{\partial t} = 0$$

La densitat de càrrega lliure d'un material ho podem saber per la llei de *Gauss*, per tant:

$$\nabla \vec{J} + \nabla \cdot \frac{\partial \vec{D}}{\partial t} = 0 \quad \rightarrow \quad \nabla \left(\vec{J} + \frac{\partial \vec{D}}{\partial t} \right) = 0$$

Això ens diu que el corrent total a causa del transport de les càrregues més el vector desplaçament, és sempre estacionari. L'essència en la diferència, la trobem en què la densitat de corrent *J* implica moviments de partícules carregades i el corrent de desplaçament esdevé de la variació temporal d'un camp vectorial.

Electromagnetisme. Teoria clàssica

7.1.2. Generalització de la llei d'*Ampère*

Seguidament, avaluarem la llei d'*Ampère* amb una densitat de corent no estacionària i, per tant, variable.

Si observem el corrent en la càrrega i descàrrega d'un condensador, es pot treballar amb la *Figura 7.1.* i aplicar la llei d'*Ampère* amb el condensador carregant-se.
Figura 7.1:

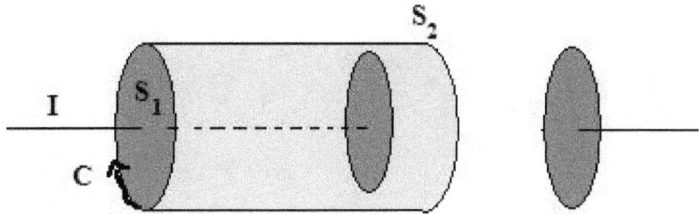

En què **C** és la corva que limita les diferents superfícies S_1 i S_2. Tenint en compte que la seva forma geomètrica i la situació (la superfície 2 està entre les plaques), amb la llei d'*Ampère* obtenim:

$$\oint_C \vec{H} \, dl = \int_{S_1} \vec{J} \, \vec{n}_1 \, dS = 1 \quad ; \quad \oint_C \vec{H} \, dl = \int_{S_2} \vec{J} \, \vec{n}_2 \, dS = 0$$

És a dir, aplicant la llei d'*Ampère* amb les dues superfícies limitades per la mateixa corva, el resultat és contradictòri; però això es soluciona si la densitat de corrent no és estacionària. Si apliquem el teorema de la divergència:

$$\int_V \nabla \vec{J} \, dV = \int_{S_2+S_1} \vec{J} \, \vec{n} \, dS = \int_{S_2} \vec{J} \, \vec{n}_2 \, dS - \int_{S_1} \vec{J} \, \vec{n}_1 \, dS = -I \neq 0$$

i per tant, les integrals de superfície són diferents. Si apliquem el teorema de la divergència a l'equació de continuitat de l'apartat *7.1.1*:

$$\int_{S_2} (\vec{J} + \frac{\partial \vec{D}}{\partial t}) \vec{n}_2 \, dS - \int_{S_1} (\vec{J} + \frac{\partial \vec{D}}{\partial t}) \vec{n}_1 \, dS = 0$$

Electromagnetisme. Teoria clàssica

I ara si que compleixen el mateix resultat. Aleshores, tal i com hem vist abans, com ara; és necessari que aparegui aquesta densitat de corrent o **corrent de desplaçament**.

Amb el corrent total, la llei d'*Ampère* s'escriurà:

$$\oint_c \vec{H}\, dl = \int_{S_1} \left(\vec{J} + \frac{\partial \vec{D}}{\partial t} \right) \vec{n}_1\, dS = \int_{S_1} \vec{J}\, \vec{n}_1\, dS = I + I_D$$

$$\oint_c \vec{H}\, dl = \int_{S_2} \left(\vec{J} + \frac{\partial \vec{D}}{\partial t} \right) \vec{n}_2\, dS = \int_{S_2} \vec{J}\, \vec{n}_2\, dS = I + I_D$$

Si apliquem el teorema d'*Stokes* a les equacions anteriors, finalment obtenim:

$$\boxed{\nabla \wedge \vec{H} = \vec{J} + \frac{\partial \vec{D}}{\partial t}}$$

4a equació de Maxwell

7.2. Equacions de *Maxwell*

Tant la divergència de $\vec{D}$ com la de $\vec{B}$ no varien i la llei de *Faraday* tampoc es veu modificada. Però *Maxwell* va formular correctament la llei d'*Ampère* i va evitar contradiccions i restriccions en les variacions de càrregues i corrents. Si definim prèviament:

$$\vec{D} \equiv \varepsilon_0 \vec{E} + \vec{P} = \varepsilon E \qquad \vec{H} \equiv \frac{\vec{B}}{\mu_0} - \vec{M} = \frac{\vec{B}}{\mu}$$

Electromagnetisme. Teoria clàssica

Finalment obtenim les **EQUACIONS DE *MAXWELL***:

$$\nabla \cdot \vec{D} = \rho$$
1a equació de Maxwell

$$\nabla \wedge \vec{E} = -\frac{\partial \vec{B}}{\partial t}$$
2a equació de Maxwell

$$\nabla \cdot \vec{B} = 0$$
3a equació de Maxwell

$$\nabla \wedge \vec{H} = \vec{J} + \frac{\partial \vec{D}}{\partial t}$$
4a equació de Maxwell

També de manera integral:

$$\oint_S \vec{D} \cdot d\vec{S} = Q_i$$
1a equació de Maxwell

$$\int_S \nabla \wedge \vec{E} \cdot \vec{n}\, dS = -\int_S (\frac{\partial \vec{B}}{\partial t}) \cdot \vec{n}\, dS$$
2a equació de Maxwell

$$\oint_S \vec{B} \cdot d\vec{S} = 0$$
3a equació de Maxwell

$$\int_S \nabla \wedge \vec{H} \cdot d\vec{S} = \int_S \vec{J} \cdot \vec{n}\, dS + \frac{\partial}{\partial t} \int_S \vec{D} \cdot \vec{n}\, dS$$
4a equació de Maxwell

Per a completar el paradigma de l'electromagnetisme i de les equacions de *Maxwell*, és necessari establir una definició dels camps elèctrics i magnètics a partir de magnituds físiques mesurables. Una bona definició seria a partir de la *Força de Lorentz*:

$$F = \int \left[\rho(\vec{r})\vec{E}(\vec{r}) + \vec{J}(\vec{r}) \wedge \vec{B}(\vec{r}) \right] dV$$

Electromagnetisme. Teoria clàssica

Aquesta fórmula està incompleta, doncs falta la força que emet la partícula en forma de radiació. En aquest llibre, però, no ho veurem.

Les equacions de *Maxwell* i la Força de *Lorentz* són els fonaments, els pilars que sostenen l'estructura de l'electromagnetisme. Ens donen els relacionadors *causa-orígen* i les forces sobre les partícules carregades.

L'equació de continuitat i de conservació de càrrega, està implícita a les equacions de *Maxwell* i es demostra que si fem la divergència del rotacional de $\vec{H}$:

$$0 = \nabla \vec{J} + \nabla \frac{\partial \vec{D}}{\partial t} \quad \rightarrow \quad \nabla \vec{J} + \frac{\partial \rho}{\partial t} = 0$$

Les densitats de càrrega lligada o de polarització, també es poden deduir per *Maxwell*:

$$\nabla \vec{E} = \frac{1}{\varepsilon_0}(\nabla \vec{D} - \nabla \vec{P}) = \frac{1}{\varepsilon_0}(\rho + \rho_p)$$

Tenim la densitat de càrrega total. Si ara treballem amb el rotacional del camp magnètic B:

$$\nabla \wedge \vec{B} = \mu_0(\nabla \wedge \vec{H} + \nabla \wedge \vec{M}) = \mu_0\left(\vec{J} + \varepsilon_0\frac{\partial \vec{E}}{\partial t} + \frac{\partial \vec{P}}{\partial t} + \vec{J}_M\right)$$

en què surten tots els corrents: **el lliure, el de desplaçament, el de polarització i l'equivalent.**

El corrent de polarització encara no havia sortit. Es pot assignar, a l'equació de continuitat, un corrent de polarització a la variació de la càrrega lligada:

$$\vec{J}_p \equiv \frac{\partial \vec{P}}{\partial t} \quad \rightarrow \quad \nabla \vec{J}_p + \frac{\partial \rho_p}{\partial t} = 0$$

Les equacions de *Maxwell* són invariants (compatibles) amb la teoria de la relativitat d'Einstein.

Electromagnetisme. Teoria clàssica

7.3. Condicions de contorn

Els sistemes electrodinàmics es poden explicar a escala macroscòpica amb les equacions de *Maxwell*. Ara hem de conèixer les condicions de contorn d'aquestes equacions locals i establir-les a les superfícies de separació dels medis amb diferents constants (permeabilitat, dielèctrica, conductivitat).

A continuació, veurem les condicions de contorn o frontera més importants i destacables a nivell qualitatiu. Els procediments són semblants a les condicions de frontera vistes amb anterioritat.

7.3.1. Camp elèctric

Pel primer cas per a les condicions de contorn, agafarem el camp elèctric (*Figura 3.6.*) però cada medi tindrà les corresponents permitivitat dielèctrica i magnètica i la conductivitat; que correspondrà respectivament: $\varepsilon_i, \mu_i, g_i$; amb i = {1, 2}.

Si utilitzem la forma integral de la segona equació de *Maxwell* i integrem en la superfície rectangular podem fer les següents afirmacions:

Com l'alçada h del rectangle és ínfima podem dir que tendeix a zero, aleshores, la superfície del rectangle també tendeix a zero i, per tant, la variació de flux magnètic és zero si la derivada temporal del camp magnètic no és infinita. Aleshores, la condició de contorn és la mateixa que en electrostàtica:

Els camps elèctrics del medi 1 i del medi 2 tangents a les superfícies són iguals.

Per tant, la superfície de separació entre els dos medis, la component paral·lela del camp elèctric E a la superfície és contínua.

7.3.2. Desplaçament elèctric

Si ara treballem amb la *Figura 3.5.*, la condició de continuïtat és idèntica al cas electrostàtic, per tant: $D_{1n} - D_{2n} = \sigma$.

Si treballem amb l'equació de continuïtat i la integrem, obtindrem un estudi més complet, arribant finalment a:

$$\frac{\varepsilon_1}{g_1} = \frac{\varepsilon_2}{g_2}$$

7.3.3. Intensitat magnètica

En aquest cas, cal treballar la quarta equació de *Maxwell* integrada en què el terme de la variació temporal del corrent de desplaçament, és zero per les mateixes condicions que el flux magnètic en *7.3.1*. Aleshores:

$$\vec{n}_{21} \wedge (\vec{H}_1 - \vec{H}_2) = \vec{k}$$

amb el vector **k** definit com la densitat de corrent superficial, igual que a magnetostàtica. Si entre la superfície de separació dels dos medis no hi ha corrent, les components tangencials del camp **H**, seran igual als dos medis.

7.3.4. Inducció magnètica

Hem treballat tres de les equacions de *Maxwell*, ara treballarem amb la que ens queda, la tercera, que correspon a la divergència del camp **B**. Tant a magnetostàtica com en sistemes no estàtics, les condicions de contorn seran les mateixes que al tema 4:

$$\vec{n}_{21}(\vec{B}_1 - \vec{B}_2) = 0 \quad \leftrightarrow \quad B_{1n} = B_{2n}$$

7.4. Unicitat de la solució

Una de les propietats de les equacions de *Maxwell* és tenir una única solució si es coneixen les components tangencials dels camps elèctric i magnètic en una superfície tancada i de valors els camps en tot el volum tancat per la superfície a l'instant de $t = 0$.

SI ho volem demostrar, hem de suposar que existeixen dues solucions diferents: $\vec{E}_1, \vec{B}_1; \vec{E}_2, \vec{B}_2$ amb els mateixos valors de les seves components tangencials a la superfície.

Si definim $\vec{E} = \vec{E}_1 - \vec{E}_2$ i $\vec{B} = \vec{B}_1 - \vec{B}_2$, han de complir que les components tangencials a la superfície, tant del camp elèctric com megnètic, per les condicions de contorn, siguin zero. A més a més, el que volem és tenir les dues solucions iguals dels camps elèctric i magnètic E i B tal i què: $\vec{E} = \vec{B} = 0$.

Electromagnetisme. Teoria clàssica

Aleshores, les dues solucions són solucions de les equacions de *Maxwell*.

Si multipliquem el rotacional del camp elèctric pel camp H en negatiu:

$$-\vec{H}\nabla\wedge\vec{E} \quad (1)$$

i la del rotacional del camp H pel camp elèctric E:

$$\vec{E}\nabla\wedge\vec{H} \quad (2)$$

Veiem com quedaria això:

$$\vec{H}\nabla\wedge\vec{E}+\vec{E}\nabla\wedge\vec{H}=-\nabla\cdot(\vec{E}\wedge\vec{H})=\frac{1}{2}\frac{\partial}{\partial t}(\vec{B}\cdot\vec{H}+\vec{E}\cdot\vec{D})$$

Si fem la integral al volum arbitrari:

$$\frac{1}{2}\frac{\partial}{\partial t}\int(\vec{B}\cdot\vec{H}+\vec{E}\cdot\vec{D})dV=-\oint(\vec{E}\wedge\vec{H})\vec{n}\,dS$$

L'última integral és zero perquè les úniques components que influeixen són les tangencials i aquestes són zero a la superfície, aleshores:

$$\int(\vec{B}\cdot\vec{H}+\vec{E}\cdot\vec{D})dV=\int\left(\varepsilon E^2+\frac{1}{\mu}B^2\right)dV=\text{cnt}$$

Si per $t = 0$, $E = B = 0$, la integral és zero i la constant és zero per a qualsevol de temps. Quan sumem dos mòduls al quadrat en una integral i dóna zero, els mòduls han de ser zero i per tant, les solucions *(1)* i *(2)* han de ser les **mateixes**.

Electromagnetisme. Teoria clàssica

7.5. Energia electromagnètica

Per conservació d'energia tenim l'energia cinètica i l'energia potencial o energia electromagnètica.

- Primer de tot trobarem l'energia elèctrica i l'energia magnètica, haurem de recórrer a l'expressió de l'unicitat. Aleshores:

$$W_{EM} = \frac{1}{2} \int \left(\vec{B} \cdot \vec{H} + \vec{E} \cdot \vec{D} \right) dV$$

Dins un camp electromagnètic, els camps depenen del temps i la integral d'aquesta funció pot ser una funció del temps. Al haver-hi existència de variacions d'energia o flux d'energia electromagnètica a través de la superfície, cal avaluar-la:

$$\frac{dW_{EM}}{dt} = \frac{1}{2} \int \left(\vec{B} \cdot \frac{\partial \vec{H}}{\partial t} + \frac{\partial \vec{B}}{\partial t} \cdot \vec{H} + \vec{E} \cdot \frac{\partial \vec{D}}{\partial t} + \frac{\partial \vec{E}}{\partial t} \cdot \vec{D} \right) dV$$

Si estem dins de sistemes en què ε i μ no varien en el temps, fent us de les equacions de *Maxwell*, obtenim:

$$\frac{dW_{EM}}{dt} = \frac{1}{2} \int \left(\vec{H} \cdot \frac{\partial \vec{B}}{\partial t} + \vec{E} \cdot \frac{\partial \vec{D}}{\partial t} \right) dV =$$

$$= \int \left[\vec{E} (\nabla \wedge \vec{H} - \vec{J}) - \vec{H} \nabla \wedge \vec{E} \right] dV$$

Si utilitzem els rotacionals creats pels camps *E* i *H* com hem fet a l'apartat anterior:

$$\boxed{\frac{dW_{EM}}{dt} = -\int \nabla (\vec{E} \wedge \vec{H}) dV - \int \vec{J} \vec{E} \, dV}$$

- Seguidament, trobarem l'expressió per l'energia cinètica de la càrrega o les partícules que creen el sistema. Com a l'energia electromagnètica, caldrà avaluar-la dins el seu flux d'energia.

Primer, considerarem la força de *Lorentz*: $\vec{F} = q(\vec{E} + \vec{v} \wedge \vec{B})$

Electromagnetisme. Teoria clàssica

$\vec{F}\vec{v} = q\vec{E}\vec{v} \rightarrow$ Aquesta expressió equival a la variació temporal de l'energia cinètica, aleshores:

$$\frac{dT}{dt} = q\vec{E}\vec{v}$$

Per tant, si tenim una distribució contínua de càrregues:

$$\frac{dT}{dt} = \int_V \rho(\vec{r})\vec{E}\vec{v}\,dV$$

Finalment obtenim:

$$\boxed{\frac{dT}{dt} = \int_V \vec{J}\vec{E}\,dV}$$

Ara només ens cal trobar l'energia total o mecànica. Per fer-ho, només caldrà sumar el flux d'energia cinètic i electromagnètic.

$$\frac{dW_{EM}}{dt} + \frac{dT}{dt} = -\int (\vec{E}\wedge\vec{H})\vec{n}\,dS - \int \vec{J}\vec{E}\,dV + \int \vec{J}\vec{E}\,dV$$

Finalment obtenim l'expressió de l'energia total:

$$\boxed{\frac{dW_{EM}}{dt} = -\int_{S(V)} \nabla(\vec{E}\wedge\vec{H})\vec{n}\,dS}$$

Flux d'energia electromagnètica total

Electromagnetisme. Teoria clàssica

7.5.1. Vector de *Poynting*

Def: Definim el vector de *Poynting* com el flux d'energia per unitat de superfície. El vector de *Poynting* en un instant de temps si és positiu (negatiu) és emergent (entrant) i implica que l'energia en el volum limitat per la superfície tancada disminuieixi (augmenti) en aquest instant.

Aquest vector ve definit per l'expressió següent:

$$\boxed{\vec{S} = \vec{E} \wedge \vec{H}}$$
<u>*Vector de Poynting*</u>

amb unitats de $\quad [\vec{S}] = \dfrac{Watts}{m^2}$

7.6. Impuls del camp electromagnètic

Els camps electromagnètics tenen naturalesa física pròpia (independents dels corrents i les càrregues, encara que siguin generats per aquests). En aquesta secció parlarem de l'**impuls del camp electromagnètic**, una propietat d'aquest camp i una nova variable física que només depèn dels camps *E* i *H*.

A nem a definir els aspectes importants. Si considerem un diferencial de volum, segons la força de *Lorentz*, un diferencial de força d'un sistema amb densitat de càrrega i una densitat de corrent depenents de r i del temps: $\quad \rho(\vec{r}, t); \vec{J}(\vec{r}, t)$

$$d\vec{F} = \rho \vec{E} \, dV + \rho \vec{v} \wedge \vec{B} \, dV \equiv f \, dV$$

Aleshores, definim la funció f com: $\quad \vec{f}(\vec{r}) = \dfrac{d\vec{F}}{dV} \quad$. Si integrem:

$$F = \int_V \left[\rho \vec{E} + \vec{J} \wedge \vec{B} \right] dV$$

en un medi linial:

$$\rho = \varepsilon \nabla \vec{E} \qquad\qquad \vec{J} = \dfrac{1}{\mu} \nabla \wedge \vec{B} - \varepsilon \dfrac{\partial \vec{E}}{\partial t}$$

Electromagnetisme. Teoria clàssica

Aleshores la variació de força mecànica vindrà determinada per:

$$\vec{f}(\vec{r}) = \varepsilon \vec{E} \nabla \vec{E} \left(\nabla \wedge \vec{H} - \frac{\partial \vec{D}}{\partial t} \right) \wedge \vec{B}(\vec{r}) = \varepsilon \vec{E} \nabla \vec{E} + \frac{1}{\mu} (\nabla \wedge \vec{B}) \wedge \vec{B} - \varepsilon \mu \frac{\partial \vec{E}}{\partial t} \wedge \vec{H} +$$

$$+ \varepsilon \mu \vec{E} \wedge \frac{\partial \vec{H}}{\partial t} - \varepsilon \mu \vec{E} \wedge \frac{\partial \vec{H}}{\partial t} + \frac{1}{\mu} \vec{B} (\nabla \vec{B}) =$$

$$= \vec{f}(\vec{r}) = \varepsilon \vec{E} \nabla \vec{E} - \varepsilon \vec{E} \wedge (\nabla \wedge \vec{E}) + \frac{1}{\mu} \vec{B} (\nabla \vec{B}) - \frac{1}{\mu} \vec{B} \wedge (\nabla \wedge \vec{B}) - \varepsilon \mu \frac{\partial}{\partial t} (\vec{E} \wedge \vec{H})$$

$$\vec{f}(\vec{r}) + \varepsilon \mu \frac{\partial}{\partial t} (\vec{E} \wedge \vec{H}) = \varepsilon \vec{E} \nabla \vec{E} - \varepsilon \vec{E} \wedge (\nabla \wedge \vec{E}) + \frac{1}{\mu} \vec{B} (\nabla \vec{B}) - \frac{1}{\mu} \vec{B} \wedge (\nabla \wedge \vec{B}) = *$$

Fem un *kit-kat* per explicar certes propietats que farem servir en aquest pas:

$$\vec{E} \nabla \vec{E} - \vec{E} \wedge (\nabla \wedge \vec{E})|_x = \sum_j \frac{\partial}{\partial x_j} \left(E_i E_j - \frac{1}{2} E^2 \delta_{ij} \right)$$

Si considerem la matriu: $\quad T_{ij} = \varepsilon \left(E_i E_j - \frac{1}{2} E^2 \delta_{ij} \right) + \frac{1}{\mu} \left(B_i B_j - \frac{1}{2} B^2 \delta_{ij} \right)$

Els tensors de pressió EM seran:

$$T = \begin{pmatrix} T_{xx} & T_{xy} & T_{xz} \\ T_{yx} & T_{yy} & T_{yz} \\ T_{zx} & T_{zy} & T_{zz} \end{pmatrix} = \begin{pmatrix} T_x \\ T_y \\ T_z \end{pmatrix}$$

$$\int \vec{f}(\vec{r}) dV + \frac{d}{dt} \left(\varepsilon \mu \frac{\partial}{\partial t} (\vec{E} \wedge \vec{H}) dV \right) = \left(\int \nabla T_x dV, \int \nabla T_y dV, \int \nabla T_z dV \right) =$$

$$= \left(\int_{S(V)} \vec{T}_x \vec{n} dS, \int_{S(V)} \vec{T}_y \vec{n} dS, \int_{S(V)} \vec{T}_z \vec{n} dS \right) = 0 = (0,0,0)$$

$$* = \int_\infty \vec{f}(\vec{r}) dV + \int_\infty \varepsilon \mu \frac{\partial}{\partial t} (\vec{E} \wedge \vec{H}) dV = \int_\infty \left(\varepsilon \vec{E} \nabla \vec{E} - \varepsilon \vec{E} \wedge (\nabla \wedge \vec{E}) \right) dV +$$

$$+ \int_\infty \left(\frac{1}{\mu} \vec{B} (\nabla \vec{B}) - \frac{1}{\mu} \vec{B} \wedge (\nabla \wedge \vec{B}) \right) dV =$$

Electromagnetisme. Teoria clàssica

Si apliquem els tensors de pressió:

$$= \int_\infty \vec{f}(\vec{r})dV + \varepsilon\mu \int_\infty \frac{\partial}{\partial t}(\vec{E} \wedge \vec{H})dV = 0$$

$$\boxed{\left(\frac{dP}{dt} + \frac{dP_{EM}}{dt}\right) = 0}$$

Si no existeixen forces externes, podem escriure, ja que es conserva la quantitat de moviment o l'impuls de les masses més l'impuls electromagnètic, **l'impuls total**.

Per tant, finalment tenim:

$$\boxed{\frac{d}{dt}(P + P_{EM}) = 0}$$ Amb això observem que quan tenim càrregues en moviment no es compleixen les lleis de Newton per a les masses de les càrregues; s'ha de considerar també el moment electromagnètic perquè es compleixi la conservació.

Amb això, podríem concloure que el flux d'un escalar (energia) és un vector (**vector de *Poynting***) i el flux d'un vector (impuls) és un tensor d'ordre dos (tensor de tensions).

7.7. Moment angular del camp EM

Primer de tot, considerarem un diferencial de volum amb una densitat de càrrega i una densitat de corrent. Sobre aquest diferencial de volum, la força de les partícules excerceixen un diferencial de moment de la força donat per:

$$d\vec{N} = \vec{r} \wedge (\rho\vec{E} + \rho\vec{v} \wedge \vec{B})dV \qquad \vec{N} = \int_V \vec{r} \wedge [\rho\vec{E} + \vec{J} \wedge \vec{B}]dV$$

Si procedim a fer uns càlculs semblants a l'apartat anterior, per a la conservació del moment angular, obtenim la següent expressió:

$$\boxed{\frac{d}{dt}(L_{EM} + L) = 0}$$

amb un moment angular electromagnètic:

$$L_{EM} \equiv \frac{1}{u^2} \int_\infty \vec{r} \wedge [\vec{E} \wedge \vec{H}] \, dV$$

Electromagnetisme. Teoria clàssica

Electromagnetisme. Teoria clàssica

Tema 8.- Potencials electromagnètics i camps de radiació

En aquest tema, farem l'estudi de sistemes electromagnètics amb càrregues i corrents amb una velocitat no constant (variable) i amb moviment qualsevol. Per estudiar aquests sistemes, farem servir els potencials electromagnètics, que seguidament els analitzarem i definirem.

També veurem el retard dels potencials i l'acceleració de la càrrega en aquest tipus de sistemes, però serà molt per sobre, ja que no treballarem detalladament els camps de radiació.

8.1. Potencial escalar i potencial vector

Ja hem treballat aquests potencials en condicions estàtiques. Aquests potencials, per trobar-los, s'ha de conèixer els camps elèctric i magnètic en tots els punts de l'espai; treballant amb els potencials o amb les equacions de *Maxwell*.

El potencial vector és fàcil de trobar, doncs el trobem amb la divergència del camp magnètic B i, aquest, tant en condicions estàtiques com dinàmiques és zero. Aleshores el **potencial vector** és:

$$\vec{B} = \nabla \wedge \vec{A}$$

Si busquem el potencial escalar, hem de treballar amb la segona de *Maxwell*, el rotacional del camp elèctric E: $\nabla \wedge \vec{E} = -\dfrac{\partial \vec{B}}{\partial t}$, veiem que no és irrotacional i no es pot establir un potencial escalar, doncs tenim un camp elèctric no conservatiu. El que podem fer és: $\nabla \wedge \vec{E} = -\nabla \wedge \dfrac{\partial \vec{A}}{\partial t}$ i ho podem transformar com: $\nabla \wedge \left(\vec{E} + \dfrac{\partial \vec{A}}{\partial t} \right) = 0$. Ara sí que és irrotacional el vector $\vec{E} + \dfrac{\partial \vec{A}}{\partial t}$ per tant, el **potencial escalar** és: $\vec{E} + \dfrac{\partial \vec{A}}{\partial t} = -\nabla \phi$

Electromagnetisme. Teoria clàssica

Finalment, obtenim les relacions entre camps i potencials:

$$\vec{E} = -\nabla \phi - \frac{\partial \vec{A}}{\partial t}$$

$$\vec{B} = \nabla \wedge \vec{A}$$

El que ens interessa és conèixer el camp elèctric i el camp magnètic en tot el temps i l'espai. Per fer-ho, cal recalcar que les equacions anteriors proporcionen una varietat infinita de potencials que produeixen els camps.
Els potencials es poden relacionar, només si aquests; amb les condicions de simetria anomenades **gauges**.

$$\vec{A}' = \vec{A} + \nabla \chi$$

$$\phi' = \phi - \frac{\partial \chi}{\partial t}$$

Si definim χ com una funció qualsevol i escalar, depenent de l'espai i el temps, amb la condició de derivabilitat. La condició de simetria per a parelles de potencials que es fa servir força, és el **gauge de Lorentz**:

$$\nabla \vec{A} + \varepsilon \mu \frac{\partial \phi}{\partial t}$$

Si $\vec{A}$ i ϕ no compleixen les condicions de *Lorentz:*

$$\nabla \vec{A} + \varepsilon \mu \frac{\partial \phi}{\partial t} = g(\vec{r}, t)$$

però la funció **g** és diferent de zero, ja que sinó complicaria el gauge de *Lorentz*. Si agafem $\vec{A}'$ i ϕ' anteriors:

$$\nabla (\vec{A}' - \nabla \chi) + \varepsilon \mu \frac{\partial}{\partial t}\left(\phi' + \frac{\partial \chi}{\partial t}\right) = g(\vec{r}, t)$$

Electromagnetisme. Teoria clàssica

$$\nabla \vec{A}' + \varepsilon\mu\frac{\partial \phi'}{\partial t} + \left[-\nabla^2\chi + \varepsilon\mu\frac{\partial^2\chi}{\partial t^2} - g(\vec{r},t)\right] = 0$$

Ara els nous potencials si que compleixen el gauge de *Lorentz*. Aleshores:

$$g(\vec{r},t) = \nabla^2\chi - \varepsilon\mu\frac{\partial^2\chi}{\partial t^2}$$

Una altra selecció de potencials és el **gauge de Coulomb** i compleix $\nabla\vec{A} = 0$

8.2. Equacions d'ones per a potencials

Si treballem amb les equacions de *Maxwell* al vector **H** en un medi homogeni, linial i isòtrop:

$$\nabla \wedge \vec{B} = \mu\nabla\wedge\vec{H} = \mu\vec{J} + \mu\varepsilon\frac{\partial \vec{E}}{\partial t} = \mu\vec{J} + \mu\varepsilon\frac{\partial}{\partial t}\left(-\nabla\phi - \frac{\partial \vec{A}}{\partial t}\right)$$

Si observem la relació entre el potencial vector i el camp magnètic **B** i li apliquem el rotacional:

$$\nabla\wedge\vec{B} = \nabla\wedge(\nabla\wedge\vec{A}) = \nabla(\nabla\vec{A}) - \nabla^2\vec{A}$$

Aleshores al obtenir el mateix rotacional, igualem les dues equacions:

$$\nabla^2\vec{A} - \mu\varepsilon\frac{\partial^2\vec{A}}{\partial t^2} - \nabla\left(\nabla\vec{A} + \mu\varepsilon\frac{\partial \phi}{\partial t}\right) = -\mu\vec{J}$$

Si apliquem el gauge de *Lorentz*:

$$\boxed{\nabla^2\vec{A} - \mu\varepsilon\frac{\partial^2\vec{A}}{\partial t^2} = -\vec{J}\mu} \quad (8.1)$$

Electromagnetisme. Teoria clàssica

També podem considerar la primera de *Maxwell* en un mateix medi:

$$\nabla \vec{D} = \rho \quad \rightarrow \quad \frac{\rho}{\varepsilon} = \nabla \vec{E} = \nabla \left(-\nabla \phi - \frac{\partial \vec{A}}{\partial t} \right) = -\nabla^2 \phi - \frac{\partial}{\partial t} \nabla \vec{A}$$

Ara podem considerar dos gauges que donaran el mateix resultat:

i) *Lorentz* $\quad \boxed{\nabla^2 \phi - \varepsilon \mu \frac{\partial^2 \phi}{\partial t^2} = -\frac{\rho}{\varepsilon}} \quad$ (8.2)

ii) *Coulomb* $\quad \boxed{\nabla^2 \phi = -\frac{\rho}{\varepsilon}} \quad$ (8.3)

Les equacions (8.1) i (8.2) són les equacions d'ones amb fonts i podem deduir els potencials en funció de les fonts. L'equació (8.3) és l'equació de *Poisson*.

8.3. Solució de les equacions d'ones

Amb les quatre equacions pel potencial que hem vist, les seves solucions es poden trobar fent servir el principi de superposició. Si tenim una densitat de càrrega general $\rho(\vec{r}, t)$:

$$\rho(\vec{r}, t) = \sum_i q_i(t) \delta(\vec{r} - \vec{r}_i) \quad \rightarrow \quad \int \rho(\vec{r}\,', t) \delta(\vec{r} - \vec{r}\,') dV'$$

Per la linialitat de l'equació d'ones, només determinem el potencial $\varphi(\vec{r}, t)$, aleshores la distribució de càrrega de la nostra densitat, que implica una càrrega puntual $q_i(t)$ que es troba en el punt $\vec{r} = \vec{r}_i$, per tant, el potencial serà:

$$\nabla^2 \varphi(\vec{r}, t) - \varepsilon \mu \frac{\partial^2 \varphi(\vec{r}, t)}{\partial t^2} = -\frac{q_i(t)}{\varepsilon} \delta(\vec{r} - \vec{r}_i)$$

Com l'espai és homogeni, és independent de l'elecció de l'origen de coordenades; per tant agafem un cas fàcil pels càlculs, $\vec{r}_i = 0$

Electromagnetisme. Teoria clàssica

$$\nabla^2 \varphi(\vec{r},t) - \varepsilon\mu \frac{\partial^2 \varphi(\vec{r},t)}{\partial t^2} = -\frac{q_i(t)}{\varepsilon}\delta(\vec{r})$$

Si $\vec{r} \neq 0$ l'equació agafarà una simetria esfèrica. Amb $r = |\vec{r}|$:

$$\frac{1}{r^2}\frac{\partial}{\partial r}\left(r^2 \frac{\partial \varphi}{\partial r}\right) - \varepsilon\mu \frac{\partial^2 \varphi}{\partial t^2} = 0$$

i si r tendeix a zero obtenim: $\quad \nabla^2 \varphi(\vec{r},t) \gg \varepsilon\mu \frac{\partial^2 \varphi(\vec{r},t)}{\partial t^2} = 0$

Aleshores, sabent l'equació del potencial vist a electrostàtica:

$$\varphi(\vec{r},t) = \frac{1}{4\pi\varepsilon}\frac{q_i(t)}{r}$$

si definim $\varphi(\vec{r},t) = \frac{\chi(r,t)}{r}$, l'equació d'ones té una solució general:

$$\chi = \chi\left(t - \sqrt{\varepsilon\mu}\, r\right) + \chi\left(t + \sqrt{\varepsilon\mu}\, r\right)$$

Pel principi de superposició, el terme positiu no és possible, aleshores el potencial serà:

$$\varphi(\vec{r},t) = \frac{\chi\left(t - \sqrt{\varepsilon\mu}\, r\right)}{r}$$

Per confirmar la continuitat, podem anar reculant amb les fórmules obtingudes:

$$\chi\left(t - \sqrt{\varepsilon\mu}\, r\right) = \frac{q_i\left(t - \sqrt{\varepsilon\mu}\, r\right)}{4\pi\varepsilon} \rightarrow \varphi(\vec{r},t) = \frac{q_i\left(t - \sqrt{\varepsilon\mu}\, |\vec{r} - \vec{r}_i|\right)}{|r - r_i|}\frac{1}{4\pi\varepsilon}$$

$$\rightarrow d\phi(\vec{r},t) = \frac{1}{4\pi\varepsilon}\frac{\rho\left(\vec{r},t - \sqrt{\varepsilon\mu}\,|\vec{r} - \vec{r}_i|\right)}{|r - r_i|}dV' \rightarrow$$

$$\rightarrow \phi(\vec{r},t) = \frac{1}{4\pi\varepsilon}\int_{V'}\frac{\rho\left(\vec{r}\,',t - \sqrt{\varepsilon\mu}\,|\vec{r} - \vec{r}\,'|\right)}{|r - r'|}dV' \rightarrow \quad \text{Finalment:}$$

Electromagnetisme. Teoria clàssica

$$\rightarrow \quad \vec{A}(\vec{r},t)=\frac{\mu}{4\pi}\int_{V'}\frac{\vec{J}(\vec{r}\,',t-\sqrt{\varepsilon\mu}|\vec{r}-\vec{r}\,'|)}{|r-r'|}dV'$$

Al factor del $t-\sqrt{\varepsilon\mu}|\vec{r}-\vec{r}\,'|=t'$ s'ha de tenir present ja que mesura el temps que triga en arribar la senyal des d'un punt fins al punt d'avaluació dels potencials. Cal recordar que $\sqrt{\varepsilon\mu}=\vec{u}$ i té unitats de velocitat (*velocitat de propagació de la partícula dins el medi en què es troba*).

8.4. Mètode de les funcions de *Green*

Si considerem que els potencials d'una ona amb fonts generadores de camps $\rho, \vec{J}$; podem treballar amb el desenvolupament de *Fourier* d'ones planes per a trobar el potencial $\phi(\vec{r},t)$ i la densitat de càrrega $\rho(\vec{r},t)$ del nostre sistema electrodinàmic. Aleshores tenim:

$$\phi(\vec{r},t)=\frac{1}{\sqrt{2\pi}}\int_{-\infty}^{\infty}\phi(\vec{r},\omega)e^{-i\omega t}d\omega$$

$$\rho(\vec{r},t)=\frac{1}{\sqrt{2\pi}}\int_{-\infty}^{\infty}\rho(\vec{r},\omega)e^{-i\omega t}d\omega$$

Si introduïm a l'equació d'ones amb fonts les dues darreres expressions:

$$\int_{-\infty}^{\infty}\left(\nabla^2\phi(\vec{r},\omega)+\varepsilon\mu\omega^2\phi(\vec{r},\omega)+\frac{\rho(\vec{r},\omega)}{\varepsilon}\right)e^{-i\omega t}d\omega=0$$

La condició que correspon a que la part temporal d'ones planes monocromàtiques siguin linialment independents pel què fa a les funcions exponencials complexes, implica que:

$$\nabla^2\phi(\vec{r},\omega)+\varepsilon\mu\omega^2\phi(\vec{r},\omega)=-\frac{\rho(\vec{r},\omega)}{\varepsilon}$$

Electromagnetisme. Teoria clàssica

Aquesta és la solució que hem de treballar, resoldre i substituir a les transformades de *Fourier*, ja què ens donarà la solució del nostre potencial $\phi(\vec{r},t)$. Per fer-ho, farem servir el principi de superposició:

$$\rho(\vec{r},\omega)=\sum_i q_i(\omega)\delta(\vec{r}-\vec{r}_i)$$

Si resolem l'equació pel valor de càrrega, tal que $q_i(\omega)=\varepsilon$ obtenim:

$$\nabla^2\phi(\vec{r},\omega)+\varepsilon\mu\omega^2\phi(\vec{r},\omega)=-\delta(\vec{r}-\vec{r}_i)$$

Aquesta equació la va resoldre el matemàtic *Green*, per donar-li reconeixement, la solució de l'equació s'anomena **Funció de Green** $\boxed{G(\vec{r},\vec{r}_i;\omega)}$:

$$\boxed{\nabla^2 G(\vec{r},\vec{r}_i;\omega)+\varepsilon\mu\omega^2 G(\vec{r},\vec{r}_i;\omega)=-\delta(\vec{r}-\vec{r}_i)}$$

Si apliquem el principi de superposició: $q_i(\omega)=1 \rightarrow \phi(\vec{r},\omega)=\dfrac{G(\vec{r},\vec{r}_i;\omega)}{\varepsilon}$ per una distribució contínua: $\phi(\vec{r},\omega)=\sum_i \dfrac{q_i(\omega)}{\varepsilon}G(\vec{r},\vec{r}_i;\omega)$. Aleshores, si superposem:

$$\phi(\vec{r},\omega)=\int_{V'}\frac{\rho(\vec{r}',\omega)}{\varepsilon}G(\vec{r},\vec{r}_i;\omega)dV'$$

Podem transformar l'equació de *Green* en el punt $\vec{r}_i=0$ simplificant-ka traslladant l'origen de coordenades per traslació:

$$\nabla^2 G(\vec{r},\omega)+\varepsilon\mu\omega^2 G(\vec{r},\omega)=-\delta(\vec{r})$$

Si l'equació compleix $\vec{r}\neq 0$, el sistema té simetria esfèrica i, per tant, el resultat és **zero**. Amb això, diem que la solució només depèn de *r* i no serà funció dels paràmetres θ i φ . Aleshoires, per $\vec{r}\neq 0$:

$$\frac{1}{r^2}\frac{\partial}{\partial r}\left(r^2\frac{\partial}{\partial r}G\right)-\varepsilon\mu\omega^2 G=0$$

Electromagnetisme. Teoria clàssica

Si ressolem l'equació diferencial les solucions són:

$$G(\vec{r},\omega)=k_1\frac{e^{i\sqrt{\varepsilon\mu}\,\omega r}}{r}+k_2\frac{e^{-i\sqrt{\varepsilon\mu}\,\omega r}}{r}$$

Amb les k_1 i k_2 com a constants per a determinar les condicions de frontera.

Per a *r = 0*, ja que només ens quedem la constant k_1 perquè l'altra no compleix el principi de causalitat; tenim $\nabla^2 G(\vec{r},\omega)=-\delta(\vec{r})$. Aleshores la solució és $\frac{1}{4\pi r}$ i, en conseqüència, la solució particular per a qualsevol *r* és:

$$G(\vec{r},\omega)=k_1\frac{e^{i\sqrt{\varepsilon\mu}\,\omega r}}{4\pi r}$$

desfent el canvi de translació:

$$G(\vec{r},\omega)=k_1\frac{e^{i\sqrt{\varepsilon\mu}\,\omega|\vec{r}-\vec{r}_i|}}{4\pi|r-r_i|}$$

El potencial escalar:

$$\phi(\vec{r},\omega)=\frac{1}{4\pi\varepsilon}\int_{V'}\frac{\rho(\vec{r}\,',\omega)e^{i\sqrt{\varepsilon\mu}\,\omega|\vec{r}-\vec{r}_i|}}{|r-r_i|}dV'$$

La velocitat de propagació de la càrrega $(\varepsilon\mu)^{-1/2}=u$, per tant, tenim:

$$\boxed{\phi(\vec{r},t)=\frac{1}{4\pi\varepsilon}\int_{V'}\frac{\rho\left(\vec{r}\,',t-\frac{|\vec{r}-\vec{r}\,'|}{u}\right)}{|r-r'|}dV'}$$

Potencial escalar fent la transformada de Fourier inversa

Electromagnetisme. Teoria clàssica

8.5. Potencials retardats

A l'apartat anterior, hem trobat el potencial escalar $\phi(\vec{r},t)$ per a ones amb fonts pels potencials. L'altra equació de solució per als potencials d'ones, és el camp A, amb la definició de la següent expressió:

$$\vec{A}(\vec{r},t) = \frac{\mu}{4\pi} \int_{V'} \frac{\vec{J}\left(\vec{r}',t-\frac{|\vec{r}-\vec{r}'|}{u}\right)}{|r-r'|} dV'$$

Es diuen potencials retardats perquè avaluem els valors experimentals tenint en compte el retard $\frac{|\vec{r}-\vec{r}'|}{u}$ que és el que triga la informació en viatjar des de $\vec{r}'$ (on es troba la càrrega o la densitat de càrrega del sistema) fins el punt d'observació del camp, que es troba a $\vec{r}$

Però les solucions que hem trobat del camp $\vec{A}$ i ϕ són solucions particulars de l'equació d'ones amb fonts. Per a trobar una solució general, cal afegir l'equació d'ones sense fonts que dóna la solució dels potencials. Aleshores definim els **potencials retardats**, d'una manera més general, com:

$$\phi(\vec{r},t) = \phi_0(\vec{r},t) + \frac{1}{4\pi\varepsilon} \int_{V'} \frac{\rho\left(\vec{r}',t-\frac{|\vec{r}-\vec{r}'|}{u}\right)}{|r-r'|} dV'$$

$$\vec{A}(\vec{r},t) = \vec{A}_0(\vec{r},t) + \frac{\mu}{4\pi} \int_{V'} \frac{\vec{J}\left(\vec{r}',t-\frac{|\vec{r}-\vec{r}'|}{u}\right)}{|r-r'|} dV'$$

en què definim $\vec{A}_0(\vec{r},t)$ i $\phi_0(\vec{r},t)$ com les solucions homogènies de les equacions d'ona:

$$\nabla^2 \phi_0(\vec{r},t) - \varepsilon\mu \frac{\partial^2 \phi_0(\vec{r},t)}{\partial t^2} = 0$$

$$\nabla^2 \vec{A}_0(\vec{r},t) - \varepsilon\mu \frac{\partial^2 \vec{A}_0(\vec{r},t)}{\partial t^2} = 0$$

Electromagnetisme. Teoria clàssica

8.6. Camps creats per una càrrega en moviment arbitrari

Com bé havia comentat en la presentació d'aquest *Tema 8*, aquest apartat el farem molt per sobre.

La determinació dels camps elèctric i magnètic a partir dels potencials, es troben mitjançant les següents relacions:

$$\boxed{\vec{E}=-\nabla\phi(\vec{r},t)-\frac{\partial \vec{A}(\vec{r},t)}{\partial t}} \quad \boxed{\vec{B}=\nabla\wedge\vec{A}(\vec{r},t)}$$

En aquest cas, cal remarcar i observarem que els potencials dels què es dedueixen els camps, són funcions de $\vec{r}$ i t. Les magnituds que intervenen a les fórmules per a determinar els potencials, venen marcades per $\vec{r}$ i t'.

Seguidament, presentarem el camp elèctric i el magnètic creat per una càrrega q puntual en moviment arbitrari. El procediment per avaluar el resultat es pot trobar en qualsevol llibre especialitzat en camps de radiació o d'electromagnetisme.
Definim prèviament a $\vec{\beta}=\dfrac{\vec{v}}{c}$ i a $\vec{n}=R\cdot c$, tenim:

$$\boxed{\vec{E}=\frac{q(1-\beta^2)}{4\pi\varepsilon_0 R^2}\frac{\vec{n}-\vec{\beta}}{(1-\vec{\beta}\vec{n})^3}+\frac{q}{4\pi\varepsilon_0 c\cdot R}\cdot\frac{\vec{n}\wedge[(\vec{n}-\vec{\beta})\wedge\dot{\vec{\beta}}]}{(1-\vec{\beta}\vec{n})^3}}$$

$$\boxed{\vec{B}=\frac{1}{c}\vec{n}\wedge\vec{E}}$$

Electromagnetisme. Teoria clàssica

Electromagnetisme. Teoria clàssica

Electromagnetisme. Teoria clàssica

Tema 9.- Ones electromagnètiques *

Al tema anterior hem vist les fórmules que hem presentat pels camps de radiació, observant que aquests camps, en propagació lliure, es comporta de manera que els camps elèctric i magnètic són perpendiculars entre si. Aquesta propagació coincideix amb un camp vectorial amb moviment ondulatori transversal i que descriurem durant aquest tema.

Tot això també ho farem per molt per sobre i tractant només lo més bàsic i essencial.

9.1. Moviment ondulatori

Def: Definim **ona**, com una pertorbació que es propaga des del punt en què es genera cap als punts del seu voltant. Les ones transporten energia i impuls (o ímpetu) però no ha de perquè transportar matèria.

9.1.1. Tipus d'ones

Podem diferenciar les ones per **ones escalars, ones vectorials** i **ones harmòniques**.

Def: Les *ones escalars* són les pertorbacions que constitueixen a l'ona. Es poden representar per una magnitud física. Un clar exemple serien les ones de pressió (la més coneguda l'ona de **so**).

Def: Les *ones vectorials* són les pertorbacions que es representen per una magnitud vectorial. L'exemple que més treballarem és la propagació del *camp electromagnètic*.

En el cas de les ones vectorials, podem fer una subdivisió, tot depèn si la magnitud vectorial que la descriu està direccionada amb la propagació de l'ona. Aquestes ones que es troben en la subdivisió de les ones vectorials, s'anomenen **ones longitudinals**.

Electromagnetisme. Teoria clàssica

Def: Les *ones harmòniques* són ones que es poden representar mitjançant funcions matemàtiques com funcions sinusoïdals o exponencials complexes:

$$Y = Y_0 e^{i(kx-\omega t)} = Y_0 \cos(kx - \omega t) + i Y_0 \sin(kx - \omega t)$$

Les ones harmòniques les treballarem amb més presició a l'apartat o volum de **Mecànica Clàssica** i al de **Òptica: Teoria clàssica de la llum**. Presentarem alguns paràmetres que ens caldran i que també estaran a mecànica:

Longitud d'ona: $\boxed{\lambda = \dfrac{2\pi}{k}}$; **Freqüència de vibració**: $\boxed{\upsilon = \dfrac{\omega}{2\pi}}$ *(Hz)*

k és el vector d'ona.

Periode d'ona: $\boxed{\tau = \dfrac{2\pi}{\omega} = \dfrac{1}{\upsilon}}$; **Velocitat de propagació**: $\boxed{kx - \omega t = \text{cnt}}$

Si $k\,dx - \omega\,dt = 0$ → **Velocitat fase**: $\boxed{u \equiv \dfrac{dx}{dt} = \dfrac{\omega}{k}}$

9.1.2. Ona estacionària

Si sumem una ona amb la de la seva propagació oposada:

$$Y = Y_0 e^{i(kx-\omega t)} + Y_0 e^{i(-kx-\omega t)} = Y_0 \left[e^{-ikx} + e^{-ikx} \right] e^{-i\omega t} =$$

$$= 2 Y_0 \cos(kx) e^{-i\omega t} \quad \text{Si només considerem la part real:}$$

$$\boxed{Y = 2 Y_0 \cos(kx) \cos(\omega t)}$$

Aquesta ona a cada punt vibra i els nodes no varien ni en espai ni en temps, aleshores és estacionària.

Electromagnetisme. Teoria clàssica

9.1.3. Efecte *Doppler*

L'efecte *Doppler* també el definirem amb més detall al volum de mecànica clàssica. En el cas electromagnètic ens interessa l'estudi en el cas de la llum.

L'efecte *Doppler,* en cas de llum, observem paràmetres descrits en la relativitat especial d'*Einstein*. Si la freqüència augmenta, la llum es desplaça cap al blau i si disminuieix es desplaça cap al vermell. Això ho veurem també amb més detall en el volum o llibre de *Introducció a l'Astrofísica*.

Quan la velocitat de la font és superior a la velocitat de l'ona, es crea una ona de xoc amb un comportament especial. En el cas de la llum, aquest comportament s'anomena **radiació de *Cherenkov***.

9.2. Equació d'ones per a camps

Per entendre d'una manera més fàcil els camps que creen les ones electromagnètiques, primer suposarem la propagació d'un camp electromagnètic per un medi *linial, isòtrop* i *homogeni*, sense càrregues lliures:

$$\vec{D} = \varepsilon \vec{E} \qquad \vec{B} = \mu \vec{H} \qquad \vec{J} = g \vec{E}$$

Si treballem amb les equacions de *Maxwell*:

$$\nabla \wedge \nabla \wedge \vec{E} = -\nabla \wedge \frac{\partial \vec{B}}{\partial t} \rightarrow \nabla \wedge \nabla \wedge \vec{E} = -\mu \nabla \wedge \frac{\partial \vec{H}}{\partial t} = -g\mu \frac{\partial \vec{E}}{\partial t} -$$

$$-\varepsilon \mu \frac{\partial^2 \vec{E}}{\partial t^2} \rightarrow * \quad \text{\small Sempre i quan, com hem considerat, no hi han càrregues lliures} \quad \nabla \vec{D} = 0$$

$$\rightarrow * \qquad \boxed{\nabla^2 \vec{E} - \varepsilon \mu \frac{\partial^2 \vec{E}}{\partial t^2} - g\mu \frac{\partial \vec{E}}{\partial t} = 0}$$

Equació d'ones pel camp elèctric

Electromagnetisme. Teoria clàssica

Per trobar l'equació d'ones de la intensitat del camp magnètic, cal fer un procediment semblant a l'anterior:

$$\nabla \wedge \nabla \wedge \vec{H} = \nabla \cdot \vec{J} + \nabla \wedge \frac{\partial \vec{D}}{\partial t} = g \nabla \wedge \vec{E} + \varepsilon \frac{\partial}{\partial t} \nabla \wedge \vec{E}$$

Amb la llei de *Faraday*:

$$\nabla \wedge \nabla \wedge \vec{H} = -g\mu \frac{\partial \vec{H}}{\partial t} - \varepsilon\mu \frac{\partial^2 \vec{H}}{\partial t^2} \rightarrow * \quad \text{Si considerem que} \quad \nabla \vec{H} = \frac{1}{\mu}\nabla \vec{B} = 0$$

$$\rightarrow * \qquad \boxed{\nabla^2 \vec{H} - \varepsilon\mu \frac{\partial^2 \vec{H}}{\partial t^2} - g\mu \frac{\partial \vec{H}}{\partial t} = 0}$$

Equació d'ones pel camp magnètic

Les equacions de Maxwell compleixen les equacions del camp elèctric i la de la intensitat de camp magnètic, però no sempre es compleix el recíproc, ja que les equacions d'ona són de segon ordre i les de Maxwell de primer.

Per tant, les equacions d'ona són instruments que a vegades ens facilitaran el càlcul del sistema electromagnètic.

9.3. Ona plana en un dielèctric

Només farem l'anàlisi en el sistema dielèctric i un medi no conductor, per tant amb *g = 0*. Aleshores les equacions d'ona seran:

$$\boxed{\nabla^2 \vec{E} - \varepsilon\mu \frac{\partial^2 \vec{E}}{\partial t^2} = 0} \qquad \boxed{\nabla^2 \vec{H} - \varepsilon\mu \frac{\partial^2 \vec{H}}{\partial t^2} = 0}$$

Electromagnetisme. Teoria clàssica

Def: Definim *ona plana* com una ona que en un instant donat, té, en tots els punts d'un pla perpendicular, la mateixa fase. Si considerem únicament una freqüència, l'ona plana pel camp elèctric serà:

$$\vec{E} = \vec{E}_0 e^{i(k\vec{r} - \omega t)}$$

Si treballem amb l'equació d'ones pel camp elèctric E, hem de saber que l'equació d'ones es compleix quan $k^2 = \omega^2 \varepsilon \mu$, per tant:

$$(-k^2 + \omega^2 \varepsilon \mu) \vec{E}_0 e^{i(k\vec{r} - \omega t)} = 0$$

El camp magnètic serà:

$$\vec{H} = \vec{H}_0 e^{i(k\vec{r} - \omega t)} \rightarrow \quad (-k^2 + \omega^2 \varepsilon \mu) \vec{H}_0 e^{i(k\vec{r} - \omega t)} = 0$$

Fem un kit-kat per presentar una equació de la velocitat de propagació i relacionar-la així amb els paràmetres habituals de les ones:

$$u = \frac{\omega}{k} = \frac{1}{\sqrt{\varepsilon \mu}}$$

Per a què les solucions de les equacions d'ona es compleixin, les equacions de *Maxwell* han de complir unes condicions:

$$\nabla \cdot \vec{E} = 0 = i k \vec{E}_0 e^{i(k\vec{r} - \omega t)} \rightarrow k \cdot \vec{E} = 0$$

$$\nabla \cdot \vec{H} = 0 \rightarrow k \cdot \vec{H} = 0$$

Aleshores, veiem que els dos camps són perpendiculars entre si i, per tant, crea una ona transversal tal i com veiem representat a la figura següent, la ***Figura 9.1***. També per la llei de *Faraday* podem dir que els dos camps són perpendiculars a *k*:

$$\nabla \wedge \vec{E} = -\frac{\partial \vec{B}}{\partial t} \rightarrow k \wedge \vec{E} = \omega \vec{B} \quad k E = \omega B \rightarrow B = \frac{k}{\omega} E = \frac{E}{u}$$

Electromagnetisme. Teoria clàssica

Figura 9.1:

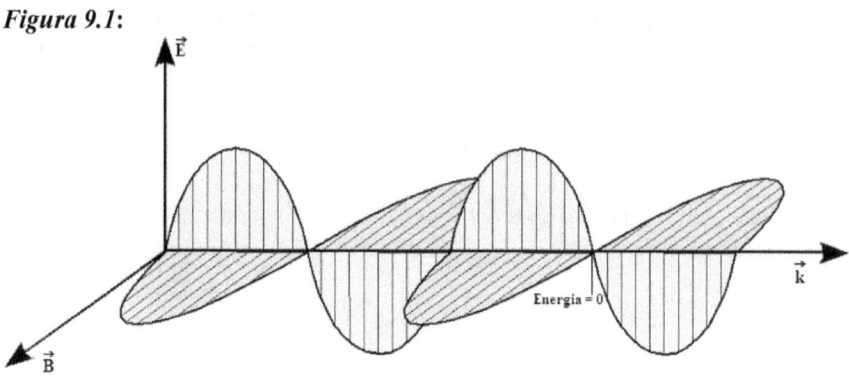

Si considerem l'última equació de *Maxwell* que queda: $\nabla \wedge \vec{H} = \dfrac{\partial \vec{D}}{\partial t} \rightarrow \vec{k} \wedge \vec{H} =$

$= \omega \vec{D}$, en què finalment obtenim: $\vec{k} \wedge \vec{B} = -\varepsilon \mu \omega \vec{E} = -\dfrac{\omega}{c^2} n^2 \vec{E}$.

Def: Denominem la *impedància al buit* a la següent relació: $\sqrt{\dfrac{\mu_0}{\varepsilon_0}} \simeq 377 \, \text{ohms}$.

9.3.1. Energia i impuls

L'energia electromagnètica instantània la definim com:

$$W_{EM} = \dfrac{1}{2} \int (\varepsilon E^2 + \mu H) dV$$

però l'energia ens interessa només en un periode determinat. Aleshores hem de seleccionar l'energia en un interval de temps igual a un periode, o el que és el mateix, derivar l'energia per trobar el seu flux. Aleshores tindrem:

$$\dfrac{dW_{EM}}{dt} = \int (\varepsilon E \dfrac{\partial E}{\partial t} + \mu H \dfrac{\partial H}{\partial t}) dV = \int \vec{E}(\nabla \wedge \vec{H} - \vec{H} \nabla \wedge \vec{E}) dV =$$

Electromagnetisme. Teoria clàssica

$$=-\int \nabla(\vec{E}\wedge\vec{H})=\frac{dW_{EM}}{dt}$$

Aleshores, podem definir la **densitat d'energia del camp electromagnètic** com *w* :

$$\frac{d}{dt}\left(\int w\, dV\right) \quad ;\text{amb}\quad w=\frac{1}{2}(\varepsilon E^2+\mu H) \quad \text{Aleshores:}$$

$$\int_V \frac{\partial w}{\partial t}dV$$

observant l'equació de l'instant d'energia electromagnètica: $\frac{\partial w}{\partial t}=-\nabla(\vec{E}\wedge\vec{H})$
que fent servir el vector de *Poynting*, finalment tenim:

$$\boxed{\frac{\partial w}{\partial t}=-\nabla\vec{S}}$$

9.3.2. Polarització

Def: La direcció que pren el camp electromagnètic d'una ona electromagnètica en el seu curs temporal, s'anomena *polarització*.

Com quan hem treballat abans amb les ones electromagnètiques planes, només considerarem les parts reals, malgrat al ser linials, es compliran tant les reals com les imaginàries.

Aleshores:

$$\nabla^2(f_1+if_2)-\varepsilon\mu\frac{\partial^2}{\partial t^2}(f_1+if_2)=$$

$$=\nabla^2 f_1-\varepsilon\mu\frac{\partial^2 f_1}{\partial t^2}+i\nabla^2 f_2-i\varepsilon\mu\frac{\partial^2 f_2}{\partial t^2}$$

Electromagnetisme. Teoria clàssica

però com només hem dit de considerar les reals:

$$\nabla^2 f_1 - \varepsilon\mu \frac{\partial^2 f_1}{\partial t^2} = 0 \quad ; \quad \nabla^2 f_2 - \varepsilon\mu \frac{\partial^2 f_2}{\partial t^2} = 0$$

Si ara observem la mitjana temporal del flux d'energia, obtenim:

$$\boxed{\langle \vec{S} \rangle = \frac{1}{2} \vec{E} \wedge \vec{H}}$$

Podem definir un camp elèctric per aquesta situació més enreiquit i general, escollint adequadament l'origen de coordenades i definint els vectors unitaris $\vec{e}_1 ; \vec{e}_2$, perpendiculars entre sí i a la direcció perpendicular de la direcció de propagació de l'ona. El què obtenim és:

$$\vec{E}(\vec{r},t) = E_1^0 \cos(\omega t - \varphi)\vec{e}_1 + E_2^0 \cos(\omega t)\vec{e}_2$$

Si l'angle $\varphi = 0$ es produeix un efecte físic anomenat **polarització linial**, que consisteix en què el camp en el punt del vector *r* apunta a una mateixa direcció i el seu mòdul varia harmonicament.

En canvi, res a veure en el cas d'un dielèctric. Si $\varphi = \frac{\pi}{2}$:

$$\vec{E}(\vec{r},t) = E_1^0 \sin(\omega t)\vec{e}_1 + E_2^0 \cos(\omega t)\vec{e}_2$$

Aleshores, tenim dos casos:

  i) Si l'extrem del vector del camp elèctric dibuixa una elipse, s'anomena **polarització elíptica.**

  ii) Si $E_1^0 = E_2^0$ s'anomena **polarització circular.**

9.4. Equacions de *Maxwell* en una guia. Tipus de guies

A continuació analitzarem la propagació d'una ona en un tub metàlic. Per fer-ho, cal separar els camps segons les condicions de contorn, és a dir paral·lels a l'eix z, per exemple; i transversals:

$$\vec{E}=\vec{E}_z+\vec{E}_t$$

Amb $\vec{E}_z \equiv E_z \vec{e}_z$; $\vec{E}_t \equiv \vec{E}-(\vec{e}_z \vec{E})\vec{e}_z = (\vec{e}_z \wedge \vec{E})\vec{e}_z$. **Ídem amb el camp magnètic.**

Si treballem dins el tub, podem arribar al buit o al dielèctric perfecte (conductivitat nul·la). Aleshores, com dins del tub suposem que no hi ha ni densitat de càrrega ni de corrent, les equacions de *Maxwell* es veuran modificades de la següent manera:

$$\nabla \cdot \vec{E}=0 \qquad \nabla \wedge \vec{E}=i\omega \vec{B}$$

$$\nabla \cdot \vec{B}=0 \qquad \nabla \wedge \vec{B}=-i\mu\varepsilon\omega \vec{E}$$

Si definim ∇_t a partir de $\nabla \equiv \nabla_t + \vec{e}_z \dfrac{\partial}{\partial z}$ és possible transformar les equacions de *Maxwell* amb uns paràmetres més adients i fàcils com les components longitudinals i transversals.

Després de realitzar els càlculs correctes amb el canvi de variables, que es pot trobar a qualsevol text de la mateixa temàtica; obtenim les equacions pel camp electromagnètic en una guia d'ones:

$$\nabla_t \cdot E_z = \frac{\partial \vec{E}_t}{\partial z}+i\omega \vec{e}_z \wedge \vec{B} \qquad \vec{e}_z \nabla_t \wedge \vec{E}_t = i\omega B_z$$

$$\nabla_t \cdot B_z = \frac{\partial \vec{B}_t}{\partial z}-i\varepsilon\mu\omega \vec{e}_z \wedge \vec{E}_t \qquad \vec{e}_z \nabla_t \wedge \vec{B}_t = -i\mu\varepsilon\omega E_z$$

$$\nabla_t \vec{E}_t = -\frac{\partial E_z}{\partial z} \qquad \nabla_t \vec{B}_t = -\frac{\partial B_z}{\partial z}$$

Electromagnetisme. Teoria clàssica

9.4.1. Components transversals

Si suposem que els camps en una guia són del tipus:

$$\vec{E}(\vec{r},t) = E_0(x,y) e^{\pm i k z - i \omega t}$$

Pot tenir qualsevol valor i ser funció de la posició, però en la direcció de propagació o la longitudinal, ens trobem una exponencial, una ona plana en una dimensió.

Si treballem amb les divergències que obtenim de les equacions resultants en un camp *EM* en una guia d'ona, finalment tenim:

$$\boxed{\pm(k^2 - k_0^2)\vec{E}_t = -ik\left(\nabla_t E_z \mp \frac{\omega}{k} \vec{e}_z \wedge \nabla_t B_z\right)}$$

i pel camp magnètic:

$$\boxed{\pm(k^2 - k_0^2)\vec{B}_t = -ik\left(\nabla_t B_z \pm \frac{\varepsilon \mu \omega}{k} \vec{e}_z \wedge \nabla_t E_z\right)}$$

Aleshores, si coneixem els camps longitudinals, podem obtenir els transversals a través d'aquests camps.

9.4.2. Components longitudinals

Els camps *EM* dins d'una guia, han de complir l'equació d'ones:

$$\left[\nabla^2 - \varepsilon \mu \frac{\partial^2}{\partial t^2}\right]\vec{E} = 0$$

Aleshores, tant pel camp elèctric com pel magnètic, en el nostre cas, ens interessa avaluar-los a l'eix z. Per tant, si $\psi = E_z$ o $\psi = B_z$, tenim:

$$\left[\nabla^2 - \varepsilon \mu \frac{\partial^2}{\partial t^2}\right]\psi = \left[\nabla_t^2 - k^2 + \varepsilon \mu \omega^2\right]\psi$$

Electromagnetisme. Teoria clàssica

si denominem $\quad y^2 \equiv \varepsilon\mu\omega^2 - k^2 = k_0^2 - k^2 \quad$ tenim la component longitudinal:

$$\boxed{[\nabla_t^2 + y^2]\psi = 0}$$

9.4.3. Guies dielèctriques

Si ara tenim un cilindre dielèctric, presentarem les equacions per a què es compleixin les condicions de contorn, tant a dintre com a fora de l'objecte.

Definint $\quad \beta^2 \equiv k^2 - \varepsilon_2\mu_2\omega_2^2 \quad$ a l'exterior i $\quad y^2 \equiv \varepsilon_1\mu_1\omega_1^2 - k^2 \quad$ a l'interior:

INTERIOR: $[\nabla_t^2 + y^2]\begin{Bmatrix}\vec{E}\\\vec{B}\end{Bmatrix} = 0 \quad ; \quad$ **EXTERIOR:** $[\nabla_t^2 - \beta^2]\begin{Bmatrix}\vec{E}\\\vec{B}\end{Bmatrix} = 0$

Gràcies a això, podem transmetre informació a una freqüència òptica amb filament de diàmetre molt petit. És el fonament de la *fibra òptica*.

9.4.4. Tipus de solucions a les guies

En una guia d'ones, podem obtenir tres solucions de les equacions de *Maxwell*. Segons la direcció dels camps en la propagació, els tres tipus seran:

1.- *Ona transversal electromagnètica (TEM)*: Quan els camps longitudinals s'anul·len, $\quad E_z = B_z = 0 \quad$ tenim $\quad (\nabla_t \wedge E_{TEM})_z = 0 \quad$.

2.- *Ona transversal magnètica (TM)*: Quan el camp magnètic longitudinal s'anul·li, $\quad B_z = 0 \quad$; la freqüència ha de ser superior a la freqüència de tall:

$$\omega_\lambda = \frac{y\lambda}{\sqrt{\varepsilon\mu}}$$

Electromagnetisme. Teoria clàssica

3.- *Ona transversal elèctrica (TE)*: Quan el camp elèctric longitudinal s'anul·li, $E_z=0$; la freqüència ha de ser superior a la freqüència de tall:

9.4.5. Velocitat de propagació

De velocitats hem de definir dues:

i) **Velocitat de fase**:
$$u=\frac{1}{\sqrt{\varepsilon\mu}}\frac{1}{\sqrt{1-\left(\frac{\omega_\lambda}{\omega}\right)^2}}>\frac{1}{\sqrt{\varepsilon\mu}}$$

ii) **Velocitat de grup**: La velocitat de grup és la que pot transmetre informació en un medi dispersiu:

$$v_g=\frac{1}{\sqrt{\varepsilon\mu}}\sqrt{1-\left(\frac{\omega_\lambda}{\omega}\right)^2}<\frac{1}{\sqrt{\varepsilon\mu}}$$

En tot cas, es pot demostrar que la velocitat de grup, correspon a la velocitat de flux d'energia, ja que compleix:

$$u\,v_g=\frac{1}{\varepsilon\mu}$$

Electromagnetisme. Teoria clàssica

Electromagnetisme. Teoria clàssica

Electromagnetisme. Teoria clàssica

Tema 10.- Superconductivitat *

La superconductivitat és una propietat que poden arribar a tenir determinats elements químics, aleacions o compostos agregats com materials cristal·lins, ceràmics, amorfs, orgànics...

La superconductivitat es presenta quan el material superconductor arriba a temperatures inferiors de la que fa de frontera, denominada *temperatura crítica*. Els sistemes superconductors tenen dos elements fonamentals: **resistència zero** i **expulsió de les línies del camp d'inducció magnètica**. Aquests materials depenen d'aspectes externs a ells, com la temperatura, el corrent elèctric i el camp magnètic. Els valors d'aquestes magnituds físiques són les que estan a la barrera o a la frontera per a què un material sigui superconductor o no, per això els anomenem **valors crítics**. Aleshores, tot material superconductor ho és fins que passa un **corrent crític** (J_c) està sotmès a un **camp magnètic crític** (H_c) o la seva temperatura s'eleva per sobre de la **temperatura crítica** (T_c) .

Com hem fet al tema anterior, aquest l'explicarem molt per sobre per entendre els conceptes principals.

10.1. Resistivitat zero

Els inicis de la superconductivitat van començar al 1908, en què el físic *Kamerlingh Onnes*, després de liquar el gel, va proposar mesurar la variació de la resistència elèctrica dels metalls amb la temperatura.

Al 1911, *Onnes* va observar en mostres molt pures de materials a baixes temperatures, que la resistència queia bruscament; era aproximadament per sota dels *4 K°* en què es denomina la *temperatura crítica*.

Si a la gràfica de la següent pàgina representem la funció d'un superconductor en funció de la seva resistivitat (*1/g*) i de la seva temperatura (**T**) i la comparem amb la d'un conductor perfecte, observarem les seves diferències i la caiguda brusca de les temperatures. A més a més, idicarem les temperatures crítiques que s'han anat trobant amb l'objectiu d'arribar a temperatures de transició de fase més

Electromagnetisme. Teoria clàssica

properes a les d'ambient, per a facilitar els experiments. No obstant això, encara queda per arribar, ja que la més alta és de *152 Kº*.

Figura 10.1 :

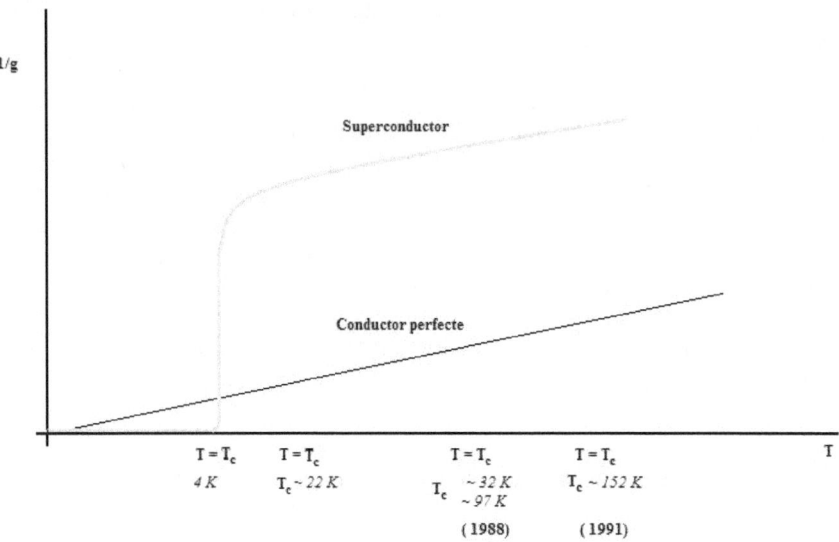

La pressió aplicada als superconductors condiciona als valors, ja què són depenendents de les variables termodinàmiques.

10.2. Apantallament del camp magnètic

Considerem dos cilindres idèntics i amb molta alçada. Si apliquem un camp **B** en la direcció paral·lela del cilindre i tenim un cilindre com un conductor perfecte, amb temperatures properes a *0 K* i l'altre cilindre, de material superconductor amb temperatura inferior a la crítica:

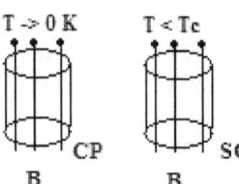

Si fem la llei de *Faraday:*

$$\varepsilon = \int \vec{E}\,d\vec{l} = -\int \frac{\partial \vec{B}}{\partial t}dS = IR = 0$$

183

Electromagnetisme. Teoria clàssica

Això però, seria impossible si la variació de fllux del camp magnètic no sigués zero, doncs tindríem corrent infinit.

La variació de flux total, en els dos casos, és zero sempre i quan es produeixin camps magnètics circulars que compensin el camp exterior. Amb això podem dir que les línies de camp **B**, no passen per l'interior, o, d'una altra manera, només podem tenir unes corrents superficials perquè sinó el camp interior i exterior serien el mateix. És a dir: $\vec{B}=\mu_0(\vec{H}+\vec{M})=0$ i, per tant: $\vec{H}=-\vec{M}$ i $\chi=-1$. Aleshores podem definir un conductor perfecte i un superconductor com comportaments idèntics a materials diamagnètics perfectes.

Def: Definim l'*apantallament magnètic de sistemes amb resistència zero* a l'efecte d'esclusió que hem vist abans de les línies de camp magnètic a l'interior de cilindres de materials conductors perfectes i superconductors.

10.2.1. Efecte *Meissner – Ochsenfeld*

Si tornem a considerar els dos cilindres però el conductor perfecte amb temperatura diferent de zero *kelvins* i el superconductor a una temperatura superior a la crítica, aplicant un camp magnètic paral·lel i inferior al crític; provoca pèrdua de superconductivitat. Aleshores, anirem reduïnt el valor de la temperatura del superconductor fins que traspassi la temperatura crítica.

Def: Per tant, definim l'*efecte Meissner -Ochsenfeld* a l'efecte que es produeix quan el superconductor genera uns corrents que fa que el camp interior sigui zero i succeix sense una variació de flux. Aleshores aquest efecte manté fixe el camp magnètic quan baixen les temperatures per sota de la crítica i s'expulsen les línies de camp. Finalment, podem dir que no serveix la inducció electromagnètica.

Si realitzem aquest experiment amb el conductor perfecte, reduint **T** fins arribar a *0 K*, el camp magnètic interior no serà zero. Això és així perquè només quan existeix la inducció de *Faraday* pot excloure el camp magnètic **B**, però no amb l'efecte *Meissner – Ochsenfeld*.

Electromagnetisme. Teoria clàssica

10.3. Penetració del camp magnètic

En aquest apartat estudiarem una explicació de l'expulsió del camp magnètic d'un superconductor. Les càrregues s'acceleren indefinidament amb un camp elèctric ja que la resistència és zero:

$$m\dot{\vec{v}} = q\vec{E}$$

Si introduïm la densitat de corrent $\vec{J} = Nq\vec{v}$ tenim:

$$\dot{\vec{J}} = \frac{Nq^2}{m}\vec{E}$$

Si fem servir les equacions de *Maxwell* i propietats vectorials, obtenim:

$$\boxed{\nabla^2 \dot{\vec{B}} = \alpha^2 \dot{\vec{B}}}$$

Amb $\quad \alpha^2 = \dfrac{Nq^2\mu_0}{m}$

Si treballem amb una dimensió: $\dfrac{\partial^2 \dot{\vec{B}}}{\partial x^2} = \alpha^2 \dot{\vec{B}}$ amb solució:

$$\dot{\vec{B}}(x) = b_1 e^{-x/\lambda} + b_2 e^{x/\lambda}$$

Si escollim adequadament el gauge, podem expressar la variació de la densitat de corrent com:

$$\dot{\vec{J}} = -\frac{Nq^2}{m}\dot{\vec{A}}$$

Una solució particular de l'equació diferencial, és la denominada **equació de London,** amb una solució equivalent a la llei d'*Ohm*.

$$\vec{J} = -\frac{Nq^2}{m}\vec{A}$$

Electromagnetisme. Teoria clàssica

Per molt que sembli senzilla, ens permet calcular quantitativament l'apantallament magnètic:

$$\nabla \wedge \vec{B} = -\mu_0 \frac{Nq^2}{m} \vec{A}$$

[4]Si introduïm una versió simplificada d'un superconductor semiinfinit, amb x > 0 obtenim les solucions:

$$\vec{B}(x) = \vec{B}_0 e^{-x/\lambda}$$

$$\vec{J}(x) = \vec{J}_0 e^{-x/\lambda}$$

Els valors de **B** i **J** amb el zero de subíndex, són els valors dels camps a la superfície.

Def: Definim *longitud de penetració* o la longitud λ i ens ve determinada pels paràmetres següents: $\lambda = \sqrt{\dfrac{m}{Nq^2\mu_0}}$. Podem dir que és la distància entre la superfície i un punt sobre la seva perpendicular en el què **B** i **J** varien un factor inversament exponencial amb els valors màxims dels camps a la superfície.

Si possem l'exemple d'un camp **B** constant i exterior amb unes equacions que compleixin les condicions de contorn $B_z(-a) = B_z(a)$ i $J_x(-a) = J_x(a)$, aleshores tenim:

$$\frac{\partial^2 B_z}{\partial y^2} = \frac{1}{\lambda^2} B_z$$

$$\frac{\partial^2 J_x}{\partial y^2} = \frac{1}{\lambda^2} J_x$$

---

[4] El càlcul es pot trobar a qualsevol llibre avançat de la matèria o de temàtica de *superconductors*

Electromagnetisme. Teoria clàssica

Aleshores, podem realitzar la gràfica següent:

Figura 10.2: *Secció transversal d'un cilindre superconductor que li fem intereccionar un camp B extern i paral·lel al cilindre. Les dimensions de λ gràficament són més petites de l'ordre 10^{-7} ; però no ho hem fet a escala per a què es pugui apreciar la longitud de penetració.*

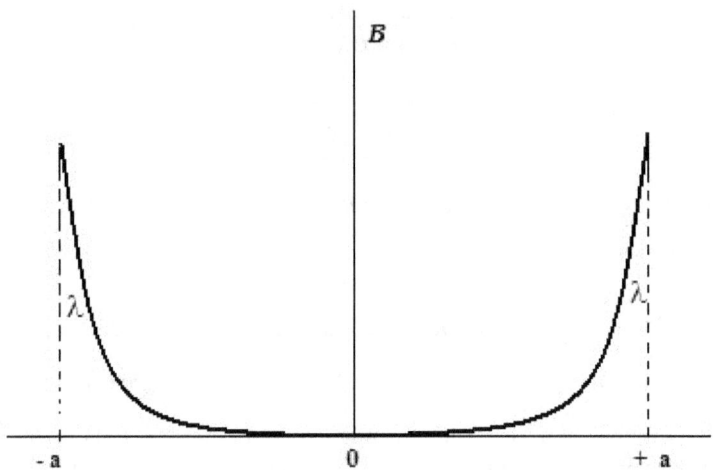

Par a definir l'energia magètica en el cilindre, és un càlcul un xic rebuscat, per tant, presentem el resultat final:

$$W \simeq \frac{1}{2\mu_0} \pi l B_0^2 \lambda a$$

Si l'energia és sense expulsió del camp tindrem:

$$W_0 = \frac{1}{2\mu_0} \pi l B_0^2 a^2$$

Electromagnetisme. Teoria clàssica

Si fem la relació entre aquestes energies:

$$\boxed{\frac{W}{W_0}=\frac{\lambda}{a}}$$

Aleshores, podem concloure que el superconductor expulsa el 99.99999 % d'energia magnètica que acomulés a l'instant que aquest ho deixés de ser.

10.4. Comportament termodinàmic[5]

Def: Un *comportament termodinàmic* d'una variable, magnitud o camp físic és aquella propietat que ens informa que aquests paràmetres varien amb la temperatura.

El camp magnètic que provoca la pèrdua de la superconductivitat d'un material, *el camp magnètic crític*, és un camp físic amb comportament termodinàmic.

$$\boxed{H_c(T)=H_0\left(1-\frac{T^2}{T_c^2}\right)} \quad (10.1)$$

Amb H_0 com a camp crític a zero *Kelvins*

La densitat d'energia lliure o el potencial termodinàmic, és per a $T<T_c$:

$$g_n(T,H)-g_s(T,H)=\frac{1}{2}\mu_0\left[H_c^2(T)-H^2\right]$$

---

[5] Avaluarem el comportament termodinàmic dels superconductors fent servir definicions termodinàmiques que s'explicaran amb més detall al llibre de **Termodinàmica i Mecànica estadística**

Electromagnetisme. Teoria clàssica

Figura 10.3: *Evolució del camp magnètic crític en funció de la temperatura*

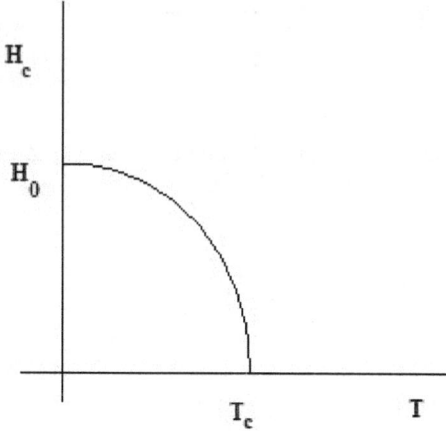

L'entropia per unitat de volum ve definida per a un sistema com la derivada parcial amb signe negatiu de la densitat d'energia lliure respecte la temperatura.

$$s = -\left(\frac{\partial g}{\partial T}\right)_H$$

Com l'energia lliure per unitat de volum és $g_n(T,0) - g_s(T,0) = \frac{1}{2}\mu_0 H_c^2(T)$ i tenim en compte l'equació *10.1*, obtenim:

$$s_n(T) - s_s(T) = -\mu_0 H_c^2(T) \frac{\partial H_c(T)}{\partial T} = 2\frac{\mu_0 T}{T_c^2} H_0 H_c(T)$$

Amb aquest resultat podem dir que l'entropia de l'estat normal (s_n) és més gran que la del superconductor (s_s). Si la temperatura arriba a la temperatura de transició, les entropies s'igualen, aleshores, l'entropia és contínua. Aleshores existeix el ***paràmetre d'ordre***, que és el que pot donar forma quantitativa a la gradació de l'estat normal al superconductor quan coexisteixen les dues fases.

Electromagnetisme. Teoria clàssica

Si treballem amb les capacitats calorífiques, realitzant els canvis de variables adients:

$$c_V = T\left(\frac{\partial s}{\partial T}\right)_V$$

Si ara avaluem amb les calors específiques a temperatures crítiques:

$$c_s(T_c) - c_n(T_c) = 4\mu_0 \frac{H_0^2}{T_c}$$

El calor específic presenta discontinuitat a la temperatura crítica. Aleshores podem dir que un superconductor és **una transició de fase termodinàmica de segona espècie.**

10.5. Model de *Ginzburg – Landau*

A mitjans de segle passat, *Ginzburg* i *Landau* van fer una hipòtesi o una teoria per explicar i entendre finalment la superconductivitat.

La idea era plantejar que la superconductivitat depenia d'un paràmetre responsable del major ordre entròpic de l'estat del superconductor respecte el seu estat normal. El paràmetre el definim com $|\Psi|^2$ és zero i, en temperatures properes a la temperatura crítica, el paràmetre és petit, per tant, es pot realitzar un desenvolupamet de *Taylor* fins al segon ordre.

Aleshores, els dos físics van proposar pel superconductor una densitat d'energia lliure, (f_s), termodinàmica de l'estil:

$$f_s = f_n + a|\Psi|^2 + \frac{1}{2}b|\Psi|^4$$

Amb *a* i *b* com factors que depenen de la temperatura i es determinen amb el principi de mínima energia i comparacions empíriques de longitud de penetració.

Electromagnetisme. Teoria clàssica

Si treballem una mica les equacions, quan relacionem el valor del camp magnètic crític amb els de $a\,(\,T\,)$ i $b\,(\,T\,)$:

$$H_c = \left[\mu_0 \frac{a^2}{b}\right]^{1/2}$$

Ginzburg i *Landau* van proposar la relació següent: $\dfrac{\lambda_0^2}{\lambda^2} = -\dfrac{a}{b}$; amb λ_0 i λ com a longituds de penetració a temperatura 0 i T respectivament.

Finalment, podem definir les funcions de a i b en funció del camp crític i de les longituds de penetració:

$$a = -\mu_0 H_c^2 \frac{\lambda^2}{\lambda_0^2} \quad ; \qquad b = \mu_0 H_c^2 \frac{\lambda^4}{\lambda_0^4}$$

Pel què fa els paràmetres d'ordre definits pels dos físics (el d'ordre 2 i el de 4) corresponen a l'energia potencial del sistema en M*ecànica Lagrangiana*. Si a més a més té energia cinètica, *Gizburg* i *Landau* van dir d'introduir, a l'energia lliure, un nou terme depenent del paràmetre d'ordre en què tingués energia cinètica. Aleshores, finalment obtenim:

$$f_s = f_n + a|\Psi|^2 + \frac{1}{2}b|\Psi|^4 + \frac{1}{2m}\left|(-i\hbar\nabla - q\vec{A})\Psi\right|^2 + \frac{1}{2}\vec{B}\cdot\vec{H}$$

Si ho arreglem una mica i ressolem l'equació diferencial per a $A = 0$, amb les condicions adequades, tenim:

$$\Psi = \sqrt{-\frac{a}{b}}\tanh\left(\frac{x}{\sqrt{2}\xi}\right)$$

en què $\xi^2 \equiv \dfrac{\hbar}{2m|a|}$. Això ens indica que el paràmetre d'ordre varia de manera apreciabla en una longitud ξ , definida com la **longitud de coherència.**

10.6. Energia lliure superficial en superconductors

Figura 10.4: El balanç d'energia d'un superconductor de **tipus I**. L'energia superficial és positiva i el valor s'obté de la diferència d'energia magnètica que es genera a l'estat de superconductor a causa del paràmetre d'ordre.

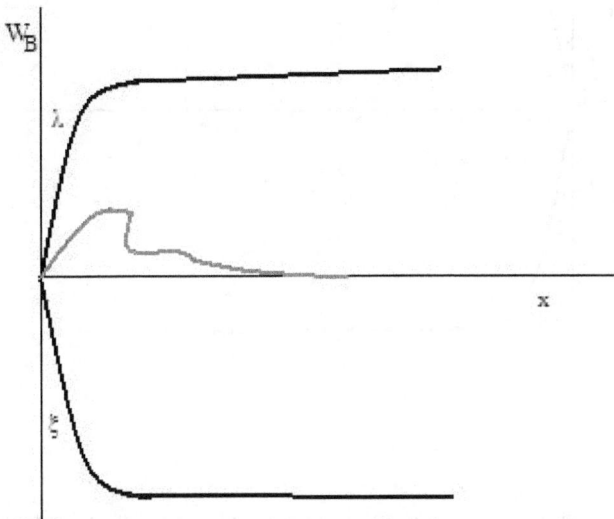

Per a valors de x majors que ξ, la funció Ψ és constant.

Aquests superconductors són els denominats de **tipus I** i és molt difícil que generin superfícies entre ambdues fases, ja que per a raons de minimització d'energia, l'energia positiva de la superfície ho impedeix. No existeixen zones no superconductores a regions dins del superconductor.

A la *Figura 10.5*, que la trobem a la pàgina següent, representem el balanç d'energia lliure en superconductors del **tipus II**. L'energia negativa que s'obté de la diferència d'energia magnètica expulsada de l'estat superconductor a causa del paràmetre d'ordre, a més a més, això afavoreix l'existència d'interfases.

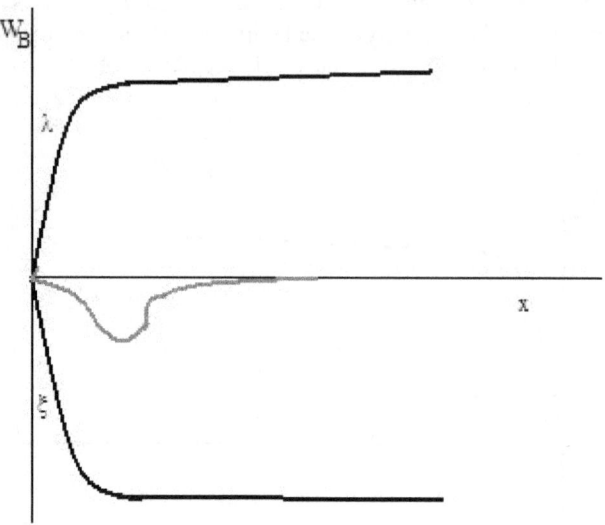

En aquest cas, es formen zones en el material no superconductor que es situen a l'interior dels mateixos. Aquest fenòmen és estudiat a la **Teoria de fluxons d'Abrikosov**.

A partir del model de *Gizburg – Landau* i amb la formulació rigurosa, es conclou que la separació entre superconductors de tipus I i tipus II es dóna amb la relació:

$$\frac{\lambda}{\xi} = \frac{1}{\sqrt{2}}$$

Una de les característiques que diferencia als superconductors de tipus I i tipus II és la *susceptibilitat magnètica*.

Electromagnetisme. Teoria clàssica

A la *Figura 10.6* observem el comportament diamagnètic perfecte fins arribar al camp crític dels **superconductors de *tipus I***: Variació de la imanació en un superconductor de *tipus I*.

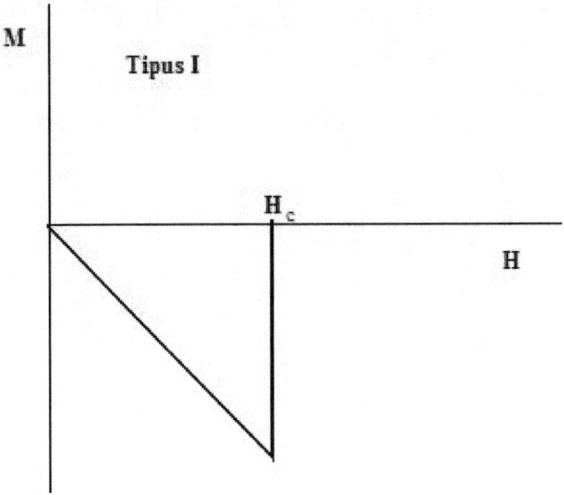

A la *Figura 10.7* observem els **superconductors de *tipus II*** que amb la aparició i penetració de fluxons, presenten dos camps crítics. Variació de la imanació en un superconductor de *tipus II*.

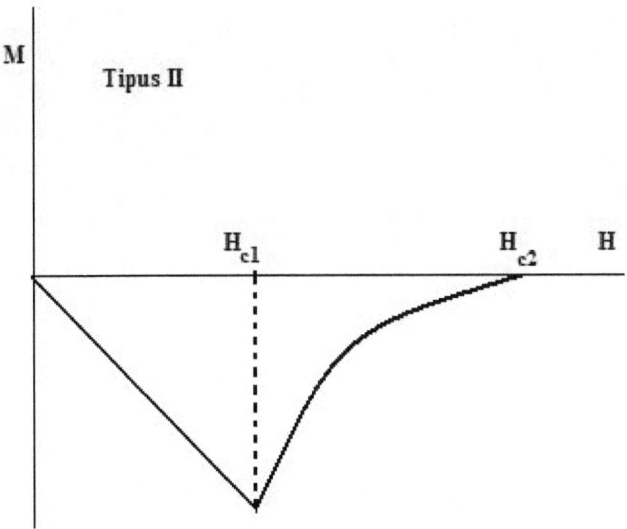

Electromagnetisme. Teoria clàssica

www.ingramcontent.com/pod-product-compliance
Lightning Source LLC
Chambersburg PA
CBHW060845170526
45158CB00001B/243